辽宁科技大学学术著作出版基金资助

轧机振动的
分析理论与方法

张德臣　孙艳平　杨　铭　韩二中　编著

北　京
冶　金　工　业　出　版　社
2016

内 容 简 介

本书共分为7章，详细地介绍了机械阻抗的基本概念，对单自由度振动系统和多自由度振动系统进行了导纳分析，阐述了复模态理论，分别对2130mm、1450mm和5500mm轧机振动进行了分析、计算。通过对具体轧机设备振动问题的研究，阐述了轧机振动原理和研究方法，对于分析和研究各类机械的振动有一定的参考价值。

本书可作为高等院校机械专业研究生的教材，也可供机械设计与制造、轧钢机械设计和操作人员以及有关专业师生参考。

图书在版编目(CIP)数据

轧机振动的分析理论与方法/张德臣等编著．—北京：冶金工业出版社，2016.12

ISBN 978-7-5024-7449-2

Ⅰ．①轧…　Ⅱ．①张…　Ⅲ．①轧机—振动分析　Ⅳ．①TG333

中国版本图书馆CIP数据核字（2016）第312376号

出 版 人　谭学余
地　　址　北京市东城区嵩祝院北巷39号　邮编　100009　电话　(010)64027926
网　　址　www.cnmip.com.cn　电子信箱　yjcbs@cnmip.com.cn
责任编辑　曾　媛　谢冠伦　美术编辑　杨　帆　版式设计　杨　帆
责任校对　卿文春　责任印制　李玉山
ISBN 978-7-5024-7449-2
冶金工业出版社出版发行；各地新华书店经销；固安华明印业有限公司印刷
2016年12月第1版，2016年12月第1次印刷
169mm×239mm；10.5印张；202千字；156页
49.00元

冶金工业出版社　投稿电话　(010)64027932　投稿信箱　tougao@cnmip.com.cn
冶金工业出版社营销中心　电话　(010)64044283　传真　(010)64027893
冶金书店　地址　北京市东四西大街46号(100010)　电话　(010)65289081(兼传真)
冶金工业出版社天猫旗舰店　yjgycbs.tmall.com
（本书如有印装质量问题，本社营销中心负责退换）

前　言

本书针对轧钢生产中普遍存在的问题，分别采用解析法和有限元法对轧机振动进行了模态分析和力学特性分析。

本书共分7章，第1章论述了机械阻抗的基本概念，用复指数表示简谐振动，分析了机电相似问题，在简谐激励作用下定义了机械阻抗，分析了力—电流相似。

第2章进行了单自由度振动系统导纳分析，进行了位移导纳特性分析，从导纳（阻抗）曲线识别系统的固有动态特性，近似勾画导纳曲线。

第3章进行了多自由度振动系统导纳分析，分析了阻抗矩阵和导纳矩阵，接地约束系统的原点和跨点导纳特性，以及自由—自由系统的导纳特性，介绍了导纳函数的实模态展开式。

第4章分析了单自由度和多自由度系统传递函数的复模态展开式，采用状态向量法求解黏性阻尼系统。

第5章运用有限元法对2130mm轧机机架进行动力学特性分析，找出典型模态的固有频率和主振型，并对其进行分析。然后采用解析法对典型模态的固有频率进行计算，并与有限元法的结果进行比较，既验证了有限元法的正确性，又为估算结构的固有频率提供简便而实用的计算方法。

第6章通过建立1450mm轧机机架、轧辊和轧机机座系统有限元模型，对轧机进行动力学分析，得出其相应的固有频率和振型，并分析轧机机座结构参数不同的情况下对轧机振动固有特性的影响，对轧机结构的设计、动力学分析及其抑制方法的理论发展与完善具有重要的理论意义，同时对轧钢企业实践具体的轧制生产过程也具有指导和借鉴意义。

第 7 章建立 5500mm 轧机机架简化模型，在有限元分析软件 ANSYS 中对简化后的机架模型进行参数化建模，以 ANSYS 中计算出的机架纵向最大位移为约束条件，对轧机机架的主要结构参数进行优化设计，并通过计算确定机架的几何尺寸。在有限元模型的基础上，运用 ANSYS 对 5500mm 轧机机架固有频率的变化，找出对轧制精度影响比较大的固有频率和振型，并对各阶振型加以描述。对 5500mm 宽厚板轧机机架进行了有限元分析和优化设计，为轧机机架的设计、改造和维护等提供一定的参考资料和理论依据。

辽宁科技大学机械学院张德臣、孙艳平、杨铭和东北大学韩二中为本书的出版做了大量的工作，张德臣教授全面指导本书的编写工作。本书编写分工如下：第 1 章由孙艳平撰写，第 2、3 章由杨铭撰写，第 4 ~7 章由张德臣撰写；东北大学韩二中教授对本书的编写给予指导，为本书的顺利出版奠定了基础。本书主要面向工科研究生及科研人员，故在写作过程中尽量保证基础理论完整性，避免复杂公式的推导，力求简单、精练、易懂。

感谢辽宁科技大学校领导、研究生院领导和机械学院领导的鼓励和支持，感谢辽宁科技大学学术著作出版基金资助。感谢辽宁科技大学硕士研究生李久慧、曹忠祥、罗莹艳、姚兴磊、李鑫、董喜荣、黄振、樊勇、董超文、孙传涛、王艳天、张科丙为本书内容的研究所做的工作。特别感谢硕士研究生王艳天对本书成稿的校对、打印工作所给予的帮助和贡献。

由于作者水平所限，不足之处在所难免，衷心希望读者批评指正。

作　者

2016 年 5 月

目　录

1 机械阻抗的概念

机械阻抗方法是根据机械振动系统和正弦交流电路之间具有相似关系，把研究电路的一些方法移置到机械振动系统中而逐渐形成的。它们的运动用类似的常微分方程描述。随着自动控制理论的发展，机械振动系统中的机械阻抗概念又扩大而成为传递函数，更加抽象。为了使读者了解机械阻抗概念的物理意义以及方法的发展过程，专门设置本章。同时，本章还介绍一些机—电相似的知识，对于研究机电相互转换理论，对设计研究这种系统也是有重要作用的。

线性机械振动系统，在简谐激振作用下，其振动响应是简谐的，响应的频率和激振的频率相同，响应的振幅和相位和系统的参数有关。在机械阻抗方法中，简谐函数用复数、复指数的形式表示，使公式推导简捷，概念清楚。

1.1 简谐振动的复指数表示

1.1.1 旋转矢量表示法

$$y = A\sin(\omega t + \alpha) \tag{1-1}$$

式（1-1）表示沿 y 轴方向在原点附近的 m 点的运动。式中，A 为振幅；ω 为圆频率（rad/s）；α 为初相位弧度数；$\omega t + \alpha$ 为对应任意时刻 t 的相位弧度数。利用半径为 A、初相位为 α、角速度为 ω 做匀速圆周运动的 P 点的运动，可以说明 m 点做简谐运动时的概念。显然 P 点在 y 轴上投影点的运动，就是 m 沿 y 轴的运动，如图 1-1（a）所示。这时 ω 相当于匀角速度。

每秒振动（匀速转动）的次数：$f = \dfrac{\omega}{2\pi}$ （Hz）

振动周期：$T = \dfrac{1}{f}$ （s）

简谐运动的速度和加速度，通过对式（1-1）求时间 t 的导数，得

$$\dot{y} = \frac{dy}{dt} = A\omega\cos(\omega t + \alpha) = A\omega\sin(\omega t + \alpha + \frac{\pi}{2}) \tag{1-2}$$

$$\ddot{y} = \frac{d^2y}{dt^2} = -A\omega^2\sin(\omega t + \alpha) = A\omega^2\sin(\omega t + \alpha + \pi) \tag{1-3}$$

P 点的运动也可用幅值为 A、初始相位为 α、任意相位角为 $\omega t + \alpha$ 的旋转矢量端点 P 的运动表示。同样，P 点的速度和加速度可以用旋转矢量 $A\omega$、$A\omega^2$ 表

示，它们与矢量 A 的固有相位差为 $\pi/2$ 和 π。于是式（1-1）~式（1-3）表示的 m 点的位移、速度和加速度可以看成三个以 ω 逆时针旋转的矢量在 y 轴的投影，如图 1-1（b）所示。

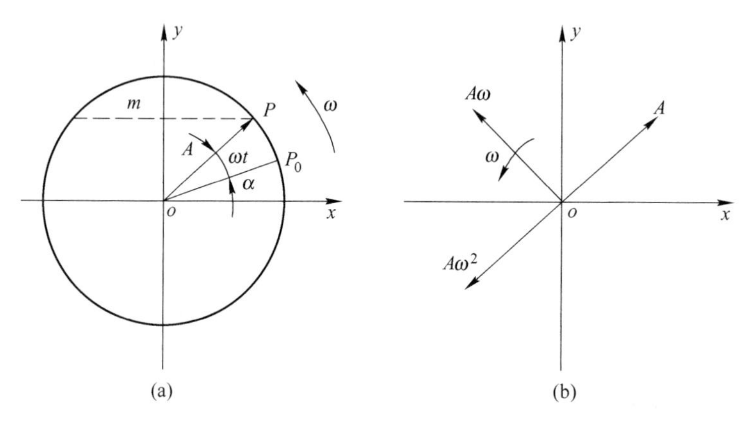

图 1-1 旋转矢量示意图

1.1.2 复数表示法

平面上的矢量可以用复数表示（图 1-2）。取水平轴为实数轴，取铅垂轴为虚数轴，则复数：

$$z = x + \mathrm{i}y \tag{1-4}$$

代表复数平面上一个点 A 的位置。$\mathrm{i} = \sqrt{-1}$ 是虚数单位，有时也用 j 表示。x 与 y 分别为实部、虚部，且均为实数，$\mathrm{i}y$ 是纯虚数。

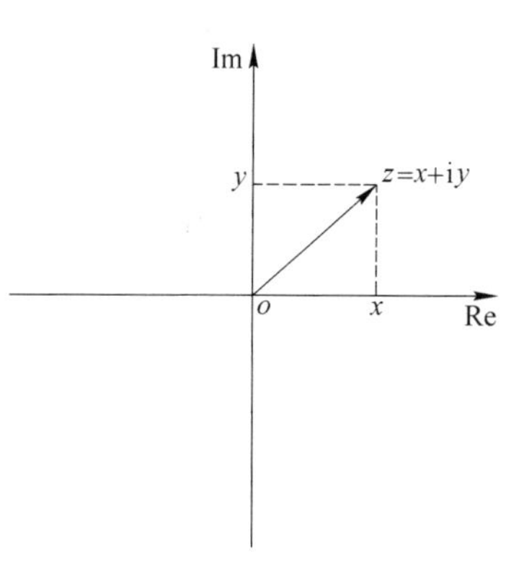

图 1-2 复数矢量示意图

平面上点 A 的位置，用矢量 OA 表示，矢量 OA 的模，等于复数的模 $|z|$，矢量的位置用幅角 φ 表示，取逆时针为正。复数的模及幅角与复数的实部 x 和虚部 y 之间的关系为：

$$|OA| = |z| = \sqrt{x^2 + y^2} \qquad \tan\varphi = \frac{y}{x}$$

$$x = |z|\cos\varphi, \quad y = |z|\sin\varphi \tag{1-5}$$

复数也可以用模及幅角来表示，即

$$z = |z|\angle\varphi \tag{1-6}$$

由欧拉公式

$$\mathrm{e}^{\mathrm{i}\varphi} = \cos\varphi + \mathrm{i}\sin\varphi \tag{1-7}$$

则

$$z = |z|\mathrm{e}^{\mathrm{i}\varphi} = |z|\cos\varphi + \mathrm{i}|z|\sin\varphi \tag{1-8}$$

用复指数表示简谐振动：

复数的幅值等于振幅，复数的幅角等于相角，则有

$$|z| = A, \qquad \varphi = \omega t + \alpha \tag{1-9}$$

于是 $z = x + \mathrm{i}y = A\cos(\omega t + \alpha) + \mathrm{i}A\sin(\omega t + \alpha)$

$$x = A\cos(\omega t + \alpha) = \mathrm{Re}(z)$$

$$y = A\sin(\omega t + \alpha) = \mathrm{Im}(z) \tag{1-10}$$

复数的实部和虚部均为简谐振动。式（1-1）表示的简谐振动是复数的虚部。由欧拉公式

$$\begin{aligned} z &= A\mathrm{e}^{\mathrm{i}(\omega t+\alpha)} \\ &= A\mathrm{e}^{\mathrm{i}\omega t} \cdot \mathrm{e}^{\mathrm{i}\alpha} \\ &= (A\mathrm{e}^{\mathrm{i}\alpha}) \cdot \mathrm{e}^{\mathrm{i}\omega t} \\ &= \tilde{A}\mathrm{e}^{\mathrm{i}\omega t} \end{aligned} \tag{1-11}$$

其中 $\tilde{A} = A\mathrm{e}^{\mathrm{i}\alpha}$，$\tilde{A}$ 既表示旋转矢量的幅值，又表示它的相位差，称为复数振幅。这种表示法在研究若干个同频率振动的旋转矢量间的关系时，比较方便。

1.1.3 单位旋转因子

根据复数乘法定理，矢量在复平面内的转动，可以看成与单位旋转因子的乘积。

定义：模等于单位 1，幅角等于 φ 的复数，称为单位旋转因子。记为 $\mathrm{e}^{\mathrm{i}\varphi} = 1\angle\varphi$。

任意复数与单位旋转因子的乘积，等于将原来的复数逆时针旋转 φ 角度。如 $A = |a|\mathrm{e}^{\mathrm{i}\varphi_a}$ 与单位旋转因子 $\mathrm{e}^{\mathrm{i}\varphi}$ 之积：

$$A \cdot \mathrm{e}^{\mathrm{i}\varphi} = |a|\mathrm{e}^{\mathrm{i}\varphi_a} \cdot \mathrm{e}^{\mathrm{i}\varphi} = |a|\mathrm{e}^{\mathrm{i}(\varphi_a+\varphi)}$$

当 φ 为特殊角度 $\varphi = \pi/2$、$-\pi/2$、π 时，由欧拉公式（1-7）得

$$\mathrm{e}^{\mathrm{i}\varphi} = \cos\varphi + \mathrm{i}\sin\varphi$$

$$\mathrm{e}^{\mathrm{i}\frac{\pi}{2}} = \cos\frac{\pi}{2} + \mathrm{i}\sin\frac{\pi}{2} = \mathrm{i}$$

$$\mathrm{e}^{\mathrm{i}(-\frac{\pi}{2})} = \cos\left(-\frac{\pi}{2}\right) + \mathrm{i}\sin\left(-\frac{\pi}{2}\right) = -\mathrm{i}$$

$$\mathrm{e}^{\mathrm{i}\pi} = \cos\pi + \mathrm{i}\sin\pi = -1 \tag{1-12}$$

式中，i 为逆时针旋转 $\pi/2$ 的旋转因子；$-\mathrm{i}$ 为顺时针旋转 $\pi/2$ 的旋转因子；-1 为逆（顺）时针旋转 π 的旋转因子。

又 $\frac{1}{\mathrm{i}} = \frac{\mathrm{i}}{\mathrm{i}\cdot\mathrm{i}} = -\mathrm{i}$，相当于顺时针转 $\pi/2$ 的旋转因子。

简谐振动的位移、速度和加速度旋转矢量之间的关系为：

$$z = Ae^{i(\omega t+\alpha)} \tag{1-13}$$

$$\dot{z} = iA\omega e^{i(\omega t+\alpha)} \tag{1-14}$$

$$\ddot{z} = -A\omega^2 e^{i(\omega t+\alpha)} \tag{1-15}$$

$\dot{z}$ 比 z 超前 $\pi/2$，$\ddot{z}$ 比 z 超前 π。

位移、速度和加速度旋转矢量之间的关系，如图 1-3 所示。

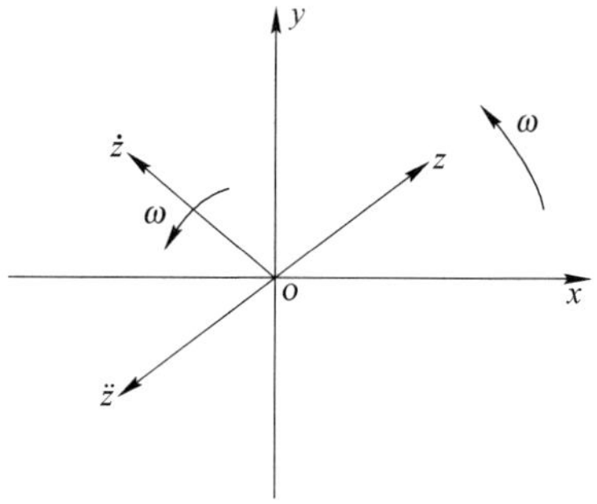

图 1-3 用旋转矢量表示的位移、速度、加速度示意图

1.2 机电相似

1.2.1 串联谐振电路

串联谐振电路由已知的电阻 R、电感 L 和电容 C 组成，如图 1-4 所示。两端有简谐激励电压 $u = |u_m|\sin(\omega t + \varphi_u)$ 的作用，试求回路中的稳态回路电流和回路阻抗。

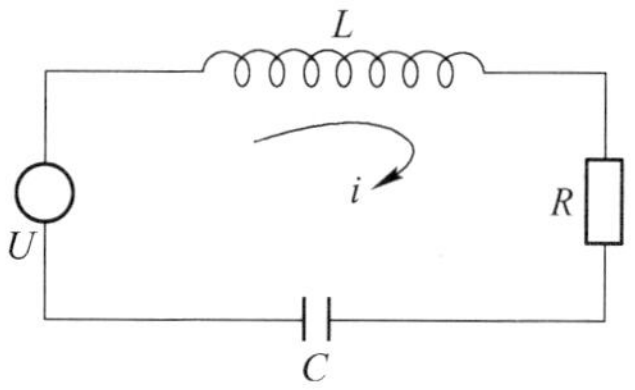

图 1-4 串联谐振电路图

由于线性系统稳态响应的频率和激励频率相同，回路稳态电流为

$$i = |I_m|\sin(\omega t + \varphi_i) \tag{1-16}$$

根据基尔霍夫电压定律：电路的任一闭合回路中，在每一瞬时各元件上电压差的代数和为零，即

$$\sum u_i = 0 \tag{1-17}$$

$$u = u_R + u_L + u_C$$

式中，u_R，u_L，u_C 分别为电阻、电感和电容两端的电位差，下面分别求出这些值。把电压、电流及其导数和积分的简谐量用复指数表示：

$$u = |u_m| e^{j\varphi_u} e^{j\omega t} \tag{1-18}$$

$$i = |I_m| e^{j\varphi_i} e^{j\omega t} \tag{1-19}$$

$$\begin{aligned}\frac{di}{dt} &= |I_m|\omega\sin\left(\omega t + \varphi_i + \frac{\pi}{2}\right) \\ &= |I_m|\omega e^{j\left(\varphi_i+\frac{\pi}{2}\right)} e^{j\omega t} \\ &= j|I_m|\omega e^{j\varphi_i} e^{j\omega t}\end{aligned} \tag{1-20}$$

$$\begin{aligned}\int_0^t i dt &= \int_0^t |I_m| e^{j\varphi_i} e^{j\omega t} dt \\ &= \frac{1}{j\omega}|I_m| e^{j\varphi_i} c^{j\omega t}\end{aligned} \tag{1-21}$$

在电阻、电感和电容两端的电位差分别为：

$$u_{R} = R \cdot i = R|I_{m}|e^{j\varphi_{i}}e^{j\omega t} \tag{1-22}$$

$$u_{L} = L\frac{di}{dt} = j\omega L|I_{m}|e^{j\varphi_{i}}e^{j\omega t} \tag{1-23}$$

$$u_{C} = \frac{1}{C}\int_{0}^{t} i dt = \frac{1}{j\omega C}|I_{m}|e^{j\varphi_{i}}e^{j\omega t} \tag{1-24}$$

u_R 与电流同相位，u_L 超前电流 90°，u_C 则落后电流 90°。代入式（1-17）中，两端消去 $e^{j\omega t}$ 得：

$$L\frac{di}{dt} + Ri + \frac{1}{C}\int_{0}^{t} i dt = u \tag{1-25}$$

$$\left[R + j\left(\omega L - \frac{1}{\omega C}\right)\right]|I_{m}|e^{j\varphi_{i}} = |u_{m}|e^{j\varphi_{u}} \tag{1-26}$$

$$Z(\omega) = \left[R + j\left(\omega L - \frac{1}{\omega C}\right)\right] = \frac{|u_{m}|e^{j\varphi_{u}}}{|I_{m}|e^{j\varphi_{i}}} = \frac{\tilde{u}}{\tilde{I}} \tag{1-27}$$

称 $Z(\omega)$ 为复阻抗。当回路参数已知时，是 ω 的函数。$\tilde{u} = u_{m} < \varphi_{u}$，$\tilde{I} = I_{m} < \varphi_{i}$ 为激励电压及响应电流的复振幅。即复阻抗 Z 为电路端电压的复振幅与电路中电流复振幅之比。简言之，为输入电压（复量）与输出电流（复量）之比。电流可表示为

$$|I_{m}|\angle\varphi_{i} = \frac{|u_{m}|\angle\varphi_{u}}{|Z_{m}|\varphi_{Z}} \tag{1-28}$$

复阻抗可以写成模及幅角的形式：

$$|Z_{m}| = \sqrt{R^{2} + \left(\omega L - \frac{1}{\omega C}\right)^{2}} \tag{1-29}$$

$$\varphi_{z} = \tan^{-1}\left(\frac{\omega L - \frac{1}{\omega C}}{R}\right) \tag{1-30}$$

用矢量图表示这些量之间的关系，如图 1-5 所示，图中表示元件的阻抗：

Z_R ——电阻的阻抗与电流同相，数值等于 R；

X_L ——电感的阻抗比电流超前 90°，数值等于 ωL，记为 $j\omega L$；

X_C ——电容的阻抗比电流落后 90°，其数值等于 $1/(\omega C)$，记为 $1/(j\omega C)$ 或 $-j/(\omega C)$。

1.2.2 力—电压相似

力—电压相似是机—电间的第一类相似，是直接相似，是以机械阻抗与电路阻抗间的模拟建立起的相似关系。

两个本质不同的物理系统，能用同一个方程描述时，表明这两个系统是相似

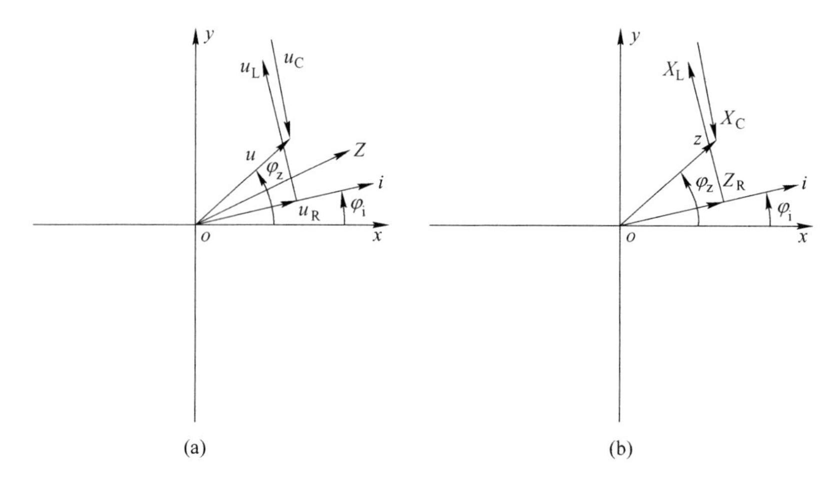

图 1-5 回路中各元件中的电压降（a）和阻抗（b）的矢量关系图

系统。利用相似关系，非电系统可以化为相似的电路系统研究，这样有不少优点：将复杂的系统化为便于分析的电路图，用电路中已有的理论，如网络理论、阻抗理论等，来分析这个实际系统，从而预知某个系统的特性。同时，还可以用实际电路模拟原有物理系统，通过实验掌握电路的特性，从而预知原物理系统的特性。这种模拟电路更换元件方便，经常用来研究参数变化对系统的影响。

如图 1-6 所示，建立弹簧质点阻尼振子的运动方程。由达朗贝尔原理：任意时刻虚加于质点上的惯性力与作用于质点上的激励力 f、弹簧力 f_K 和阻尼力 f_C 满足平衡方程，即

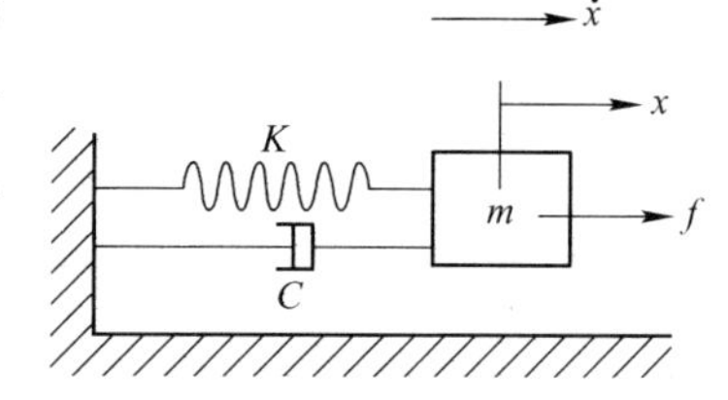

图 1-6 弹簧质点阻尼振子运动示意图

$$\sum f_i = 0$$

$$f_m + f_C + f_K + f = 0 \qquad (1\text{-}31)$$

式中 f_m——质点的惯性力，$f_m = -m\dfrac{d^2x}{dt^2}$；

f_C——阻尼器对质点的阻尼力，$f_C = -c\dot{x}$；

f_K——作用给质点的弹簧力，$f_K = -kx = -k\int_0^t x dt$；

f——作用于质点的简谐激励力，$f = |F|e^{j\omega t}$。

将这些力代入式（1-31）中，得到：

$$m\frac{d\dot{x}}{dt} + c\dot{x} + K\int_0^t \dot{x}dt = f \qquad (1\text{-}32)$$

$$L\frac{di}{dt} + Ri + \frac{1}{c}\int_0^t idt = u \qquad (1\text{-}33)$$

因为 $i = \dfrac{dq}{dt}$，$\ddot{x} = \dfrac{d\dot{x}}{dt}$，$\int_0^t \dot{x}dt = x$

所以

$$\left.\begin{aligned} L\ddot{q} + R\dot{q} + \frac{1}{C}q &= u \\ m\ddot{x} + c\dot{x} + Kx &= f \end{aligned}\right\} \tag{1-34}$$

已知激励力为简谐力，响应的频率也相等，具有相位差，设

$$\dot{x} = |\dot{X}_{\mathrm{m}}|\mathrm{e}^{\mathrm{j}(\omega t+\varphi_{\mathrm{v}})} = |\dot{X}_{\mathrm{m}}|\mathrm{e}^{i\varphi_{\mathrm{v}}}\mathrm{e}^{\mathrm{j}\omega t} \tag{1-35}$$

则

$$\dot{X} = \mathrm{j}|X_{\mathrm{m}}|\omega\mathrm{e}^{\mathrm{j}(\omega t+\varphi_{\mathrm{v}})} \tag{1-36}$$

$$X = \int\dot{x}\mathrm{d}t = \frac{|X_{\mathrm{m}}|}{\mathrm{j}\omega}\mathrm{e}^{\mathrm{j}(\omega t+\varphi_{\mathrm{v}})} \tag{1-37}$$

分别代入上式中，并消去 $\mathrm{e}^{\mathrm{j}\omega t}$，得

$$\left[C + \mathrm{j}\left(\omega m - \frac{K}{\omega}\right)\right]|X_{\mathrm{m}}|\mathrm{e}^{\mathrm{j}\varphi_{\mathrm{v}}} = |F|\mathrm{e}^{\mathrm{j}0} \tag{1-38}$$

$$ZV(\omega) = \left[C + \mathrm{j}\left(\omega m - \frac{K}{\omega}\right)\right] = \frac{F\angle 0}{|\dot{X}_{\mathrm{m}}|\angle\varphi_{\mathrm{v}}} = \frac{\tilde{f}}{\tilde{\dot{X}}} \tag{1-39}$$

式中，$ZV(\omega)$ 为机械阻抗（速度阻抗）等于简谐激励力的复振幅与速度响应复振幅之比，当参数 m、C、K 一定时，为激励频率 ω 的函数。

由此可见，由弹簧 K、阻尼 C 和质量 m 组成机械系统的运动，与 R—L—C 串联谐振系统的运动，可用同样的微分方程（1-34）描述，是相似系统。它们的各种量之间是相似的，见表 1-1。

表 1-1　各量相似对应关系

机械系统		电路系统
力 f	⟷	电压 u
速度 $\dot{X}$	⟷	电流 i
质量 m	⟷	电感 L
阻尼 C	⟷	电阻 R
弹簧刚度 K	⟷	电容导数 $1/C$
速度阻抗 Z_{v}	⟷	电路阻抗 Z

常把这样一组机—电间的相似关系，简称为力—电压和速度—电流相似。

1.3　简谐激励作用下机械阻抗的定义

1.3.1　机械阻抗

按照电路中阻抗的概念可以建立机械振动系统中机械阻抗的概念。根据简谐激励作用时，稳态输出量可以是位移、速度或加速度，机械阻抗又分为位移阻

抗、速度阻抗和加速度阻抗三种。

位移阻抗是每单位位移响应所需要的激振力，也叫做动刚度（Dynamic Stiffness），记为

$$ZD = \frac{\widetilde{F}}{\widetilde{X}} = \frac{|F| \angle \varphi_F}{|X_m| \angle \varphi_X} = \frac{\text{激励力的复振幅}}{\text{响应位移的复振幅}} \tag{1-40}$$

动刚度的物理概念较明显，静刚度表示每单位变形所需的外力。动刚度则表示每单位动态变形所需要的简谐式动态力。

机械系统由弹簧质量组成，所具有动态特性动刚度与频率有关，机床在各种转速下工作，机床的动刚度对切削质量有影响。

速度阻抗是每单位速度响应所需要的简谐激振力，由机电相似直接导出来的阻抗，称机械阻抗（Mechanical Impedance），记为

$$ZV = \frac{\widetilde{F}}{\widetilde{\dot{X}}} = \frac{|F| \angle \varphi_F}{|\dot{X}_m| \angle \varphi_v} = \frac{\text{激励力的复振幅}}{\text{响应速度的复振幅}} \tag{1-41}$$

加速度阻抗是每单位加速度响应所需要的简谐激振力，具有质量的单位，也称视在质量（Apparent Mass），记为

$$ZA = \frac{\widetilde{F}}{\widetilde{\ddot{X}}} = \frac{|F| \angle \varphi_F}{|\ddot{X}_m| \angle \varphi_a} = \frac{\text{激励力的复振幅}}{\text{响应加速度的复振幅}} \tag{1-42}$$

阻抗这一概念不仅由相似关系而来，更具有实际物理意义。它表示单位响应所需要的激振力（包括相位），机械阻抗是频率的函数。阻抗值越大表明系统对应某个频率振动时的阻力越大，抵抗动态激励产生变形的能力也越大。

对于同一机械系统，在某给定简谐激励作用下，同一点的三种阻抗值有着确定的关系。

设简谐激振力

$$f = |F| e^{j(\omega t + \varphi_f)} \tag{1-43}$$

系统上某点的位移响应

$$X = |X_m| e^{j(\omega t + \varphi_d)} \tag{1-44}$$

速度响应和加速度响应分别为

$$\dot{X} = j\omega |X_m| e^{j(\omega t + \varphi_d)} = j\omega X \tag{1-45}$$

$$\ddot{X} = (j\omega)^2 |X_m| e^{j(\omega t + \varphi_d)} = -\omega^2 X \tag{1-46}$$

各响应相差一个因子 $j\omega$，则三种阻抗之间也相差一个因子 $1/(j\omega)$。

$$ZD = \frac{|F| \angle \varphi_f}{|X_m| \angle \varphi_d} = \frac{|F|}{|X_m|} \angle (\varphi_f - \varphi_d) \tag{1-47}$$

$$ZV = \frac{|F| \angle \varphi_f}{j\omega |X_m| \angle \varphi_d} = \frac{1}{j\omega} ZD = -j\frac{ZD}{\omega} \tag{1-48}$$

$$ZA = \frac{|F| \angle \varphi_f}{j\omega |X_m| \angle \varphi_d} = \frac{1}{j\omega} ZV = -\frac{1}{\omega^2} ZD \tag{1-49}$$

三种阻抗间的确定关系，为实际测量提供了方便，只要测出一种阻抗即可得知其余两种阻抗。

1.3.2 机械导纳（Mechanical Mobility）

电学中取电阻的倒数称为导纳，代表导电率。结构力学中，取刚度的倒数称为柔度，代表不同构件的柔软程度，单位力产生的变形，变形越大则柔度越大。同样，可以取机械阻抗的倒数称为机械导纳，位移阻抗的倒数称为位移导纳，表示动柔度(Receptance)。这样，从正反两方面认识问题，可以增进理解，为研究带来了方便。

位移导纳是每单位激励力引起的位移响应记为

$$MD = \frac{|X_m| \angle \varphi_d}{|F| \angle \varphi_f} \tag{1-50}$$

速度导纳（Velocity Mobility）是每单位激振力引起的速度响应，记为

$$MV = \frac{|\dot{X}_m| \angle \varphi_v}{|F| \angle \varphi_f} = \frac{j\omega |X_m| \angle \varphi_d}{|F| \angle \varphi_f} = j\omega MD \tag{1-51}$$

加速度导纳也称为惯性率是每单位激振力引起的加速度响应，记为

$$MA = \frac{|\ddot{X}_m| \angle \varphi_d}{|F| \angle \varphi_f} = \frac{(j\omega)^2 |X_m| \angle \varphi_d}{|F| \angle \varphi_f} = -\omega^2 MD \tag{1-52}$$

三种导纳的关系，仅相差一个 $j\omega$ 因子，知其中一个，便可推知其余，如图1-7所示。

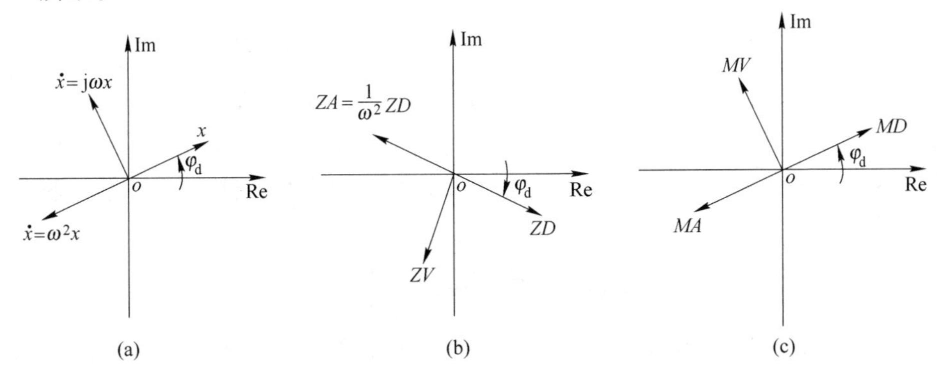

图1-7 三种导纳的关系图

(a) 某点响应的位移、速度和加速度矢量；(b) 当激励力相位为零时，某点对应的三种阻抗矢量；(c) 某点的三种导纳矢量

机械导纳有着明显的物理意义，表示单位简谐激振力引起的响应（包括相位），机械导纳是频率的函数。导纳值越大，则表示在所对应的频率下振动力的阻力越小，很小的激振力能引起很大的变形。

由于简谐激振力与它对机械系统所引起的响应之间都存在相位关系，所以，阻抗（导纳）常用复变函数或矢量函数表示。

1.3.3　原点阻抗（导纳）和传递阻抗（导纳）

单点激振时作用于机械系统上只有一个激振力，会引起全系统上各点的响应。因此，在考虑阻抗（导纳）时，必须明确是哪一点激励以及哪一点响应的问题：

（1）驱动点阻抗（Driving Point Impedance），即在激振点的阻抗，定义为

$$驱动点阻抗 = \frac{驱动点激振力}{驱动点在力方向的响应量} \tag{1-53}$$

也叫原点阻抗。

（2）传递阻抗（Transfer Impedance）：

$$传递阻抗 = \frac{驱动点激振力}{其他点的响应量} \tag{1-54}$$

机械阻抗（导纳）是激励频率 ω 的函数，对于已知的常系数线性系统是一个确定的函数。用来描述在频率领域内该系统的动态特性。在简谐激振作用下，系统的输入、输出及机械阻抗之间有着完全确定的关系，用方框图 1-8 来表示。

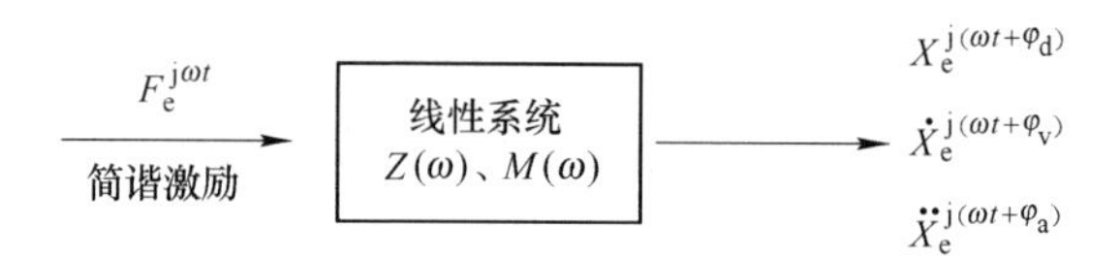

图 1-8　简谐激振作用下，系统的输入、输出及机械阻抗之间关系示意图

机械振动中，习惯用导纳函数 $M(\omega)$，因为它就是频率响应函数，常用 $H(\omega)$ 表示。实际上对机械系统的激励，可以是任意形式的 $f = F(t)$。对于线性系统来说，输入和输出 $X(t)$ 信息之间的关系与系统本身特性之间，仍然是确定的。取拉氏变换，有

$$H(s) = \frac{L[X(t)]}{L[f(t)]} = \frac{X(s)}{F(s)} \tag{1-55}$$

$H(s)$ 称为系统的传递函数，L 为拉普拉斯变换符号，系统的传递函数为输出和输入的拉普拉斯变换之比，式中

$$X(s) = L[X(t)] = \int_0^{\infty} X(t)e^{-st}dt \tag{1-56}$$

$$F(s) = L[F(t)] = \int_0^{\infty} F(t)e^{-st}dt \tag{1-57}$$

$s = \sigma + j\omega$ 为复数。

令 $s = j\omega$，这时传递函数称为频率响应函数。记为 $H(j\omega)$ 或 $H(\omega)$，拉氏变换变为富氏变换。频响函数为初始条件为零时，输出与输入的富氏变换之比：

$$H(j\omega) \text{ 或 } H(\omega) = \frac{F[X(t)]}{F[F(t)]} = \frac{X(\omega)}{F(\omega)} \tag{1-58}$$

其中

$$F(\omega) = F[F(t)] = \int_0^{\infty} F(t)e^{-j\omega t}dt \tag{1-59}$$

$$X(\omega) = F[X(t)] = \int_0^{\infty} X(t)e^{-j\omega t}dt \tag{1-60}$$

由于当 $t<0$ 时，有 $F(t) = 0$，$X(t) = 0$。所以，富氏变换的积分下限为 $-a$，而在此处取为零。

频率响应函数或位移导纳函数，在机械振动理论中，实际上就是幅频响应和相频响应曲线。它在频率域中描述了系统的动态特性。上述激励、响应和频率响应函数的确定关系，能从实测系统的输入和输出信号来研究系统的动态特性，识别系统中的参数，发展成为当前结构动力学中的试验模态参数识别技术，成为研究结构力学不可缺少的手段。

1.4 力—电流相似

1.4.1 问题的提出

力—电流相似是机—电相似关系中的第二类相似，也称为逆相似或导纳模拟。力—电压相似关系物理概念清楚。但是在利用这种相似关系，把整个机械振动系统，变换成一个与它相似的电路系统时，则没有简要明确的规律可循。例如，弹簧质量系统和电路系统如图 1-9 所示，图 1-9（a）中的机械系统与图 1-9（b）中的电路属于力—电压相似。描述 m_1 及 L_1 回路的运动方程分别为：

$$m_1\frac{d\dot{x}_1}{dt} + (C_1 + C_2)\dot{x}_1 - C_1\dot{x}_2 = f \tag{1-61}$$

$$L_1\frac{di_1}{dt} + (R_1 + R_2) - R_1 i_2 = u \tag{1-62}$$

显然，这两个方程式是相似的。怎样由机械系统得到图 1-9（b）的电路呢？1938 年 F. A. Firesstone 提出了力—电流相似关系，利用这种关系能找到一些简单规律，很容易将一个机械系统转化成一个与之相似的机械网络，从而得到力和电流相似意义下的电路图。

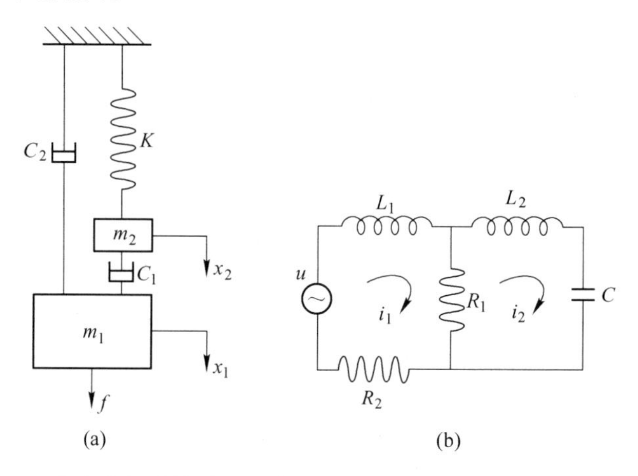

图 1-9 二自由度的弹簧质量系统（a）和振动系统相似的电路系统（b）

研究 $G—L—C$ 的并联电路，如图 1-10 所示。根据克希霍夫电流定律：在网络的任一节点，所有流出的电流等于所有流入的电流。用代数量表示，即

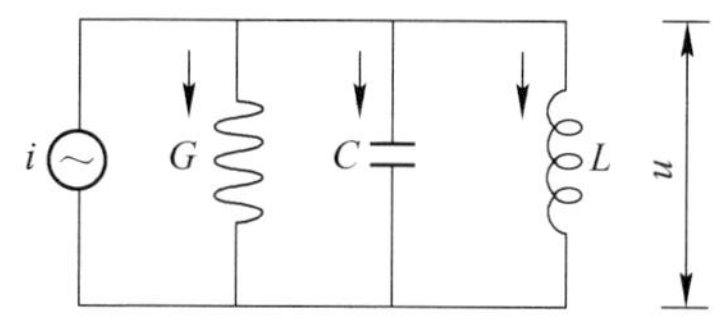

图 1-10 $G—L—C$ 并联电路

$$\sum_{k=1}^{n} i_k = 0 \tag{1-63}$$

三支路电流 i 的和等于电源电流，列出式（1-32）和式（1-33），得

$$\begin{cases} C\dfrac{\mathrm{d}u}{\mathrm{d}t} + G_{\mathrm{u}} + \dfrac{1}{L}\displaystyle\int_0^t u\mathrm{d}t = i \\ L\dfrac{\mathrm{d}i}{\mathrm{d}t} + Ri + \dfrac{1}{C}\displaystyle\int_0^t i\mathrm{d}t = u \\ m\dfrac{\mathrm{d}\dot{x}}{\mathrm{d}t} + C\dot{x} + K\displaystyle\int_0^t \dot{x}\mathrm{d}t = f \end{cases} \tag{1-64}$$

式中 G——电导，$G = \dfrac{1}{R}$，即电阻的倒数；

$C\dfrac{\mathrm{d}u}{\mathrm{d}t}$——稳态条件下电容中的电流；

G_{u}——电阻中的稳态电流，$G_{\mathrm{u}} = \dfrac{U}{R}$；

$\dfrac{1}{L}\displaystyle\int_0^t u\mathrm{d}t$——电感中的稳态电流。

对比这三个方程式，从数学形式上看完全相似，于是得到第二类机电相似，见表 1-2。

表 1-2 第二类机电相似关系

机械系统		电路系统
力 f	⟷	电流 i
速度 $\dot{X}$	⟷	电压 u
位移 X	⟷	磁通 ϕ
质量 m	⟷	电容 C
阻尼 c	⟷	电导 G
弹簧刚度 K	⟷	电感 L

每一组相似的对应关系，取前两项作为代表，即力—电流，速度—电压相似关系。利用这种相似关系，通过下面的对应规律，把一个机械系统转化为与之相似的电路网络：

（1）机械系统中的每个连接点，与电路中的节点相对应。

（2）通过机械元件的力与通过电路元件的电流相对应，把力看成力流。

（3）机械元件两端的相对速度与电路元件两端的电位差相对应。

（4）刚体质量看成一个连接点，与电容相对应。由于质量的速度是对地面惯性坐标系而言的。因此，规定质量的一端是接地的。

1.4.2 机械系统中元件的阻抗和导纳

机械网络是由机械元件组成，按照前面机械阻抗的定义，求机械元件的阻抗（导纳）。

1.4.2.1 理想弹簧

理想弹簧没有质量只有刚度 K (N/m)的弹簧。其两端传递的力相等，等于输入的简谐力（图 1-11）。

$$F_A = F_B = Fe^{j\omega t} \tag{1-65}$$

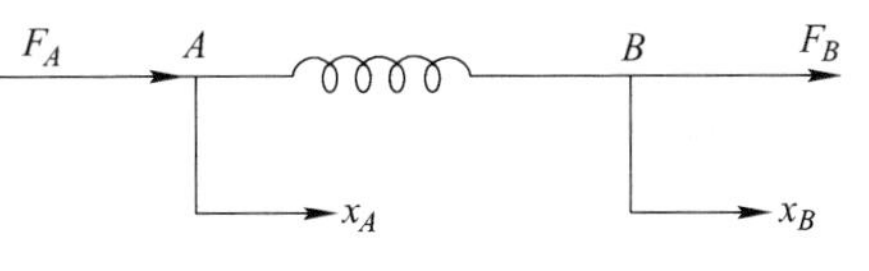

图 1-11 理想弹簧传递力示意图

输出的位移等于相对位移

$$X = X_A - X_B \tag{1-66}$$

A 点的位移阻抗

$$ZD[K] = \frac{Fe^{j\omega t}}{X} = \frac{Fe^{j\omega t}}{\frac{F}{K}e^{j\omega t}} = K \tag{1-67}$$

基于虎克定律

$$F_A = K(X_A - X_B) \tag{1-68}$$

$$X = X_A - X_B = \frac{F_A}{K} = \frac{F}{K}e^{j\omega t} \tag{1-69}$$

弹簧的位移阻抗等于弹簧的刚度系数。弹簧的位移导纳 $MD[K] = \frac{1}{ZD[K]} = \frac{1}{K}$，等于弹簧的柔度系数。根据速度、加速度阻抗（导纳）与位移阻抗（导纳）的关系，求弹簧的速度和加速度阻抗（导纳）：

$$ZV[K] = \frac{1}{\mathrm{j}\omega}ZD[K] = \frac{K}{\mathrm{j}\omega} = -\frac{\mathrm{j}K}{\omega} \tag{1-70}$$

$$MV[K] = \mathrm{j}\omega MD[K] = \frac{\mathrm{j}\omega}{K} \tag{1-71}$$

$$ZA[K] = \frac{1}{\mathrm{j}\omega}ZV[K] = \frac{1}{-\omega^2}ZD[K] = -\frac{K}{\omega^2} \tag{1-72}$$

$$MA[K] = \mathrm{j}\omega MV[K] = \frac{-\omega^2}{K} \tag{1-73}$$

1.4.2.2 线性阻尼器（图 1-12）

线性阻尼器是没有质量也没有弹性的黏性阻尼器。阻尼系数为 c(N · s/m)。其两端传递的力等于输入的简谐激振力

$$F_A = F_B = F\mathrm{e}^{\mathrm{j}\omega t} \tag{1-74}$$

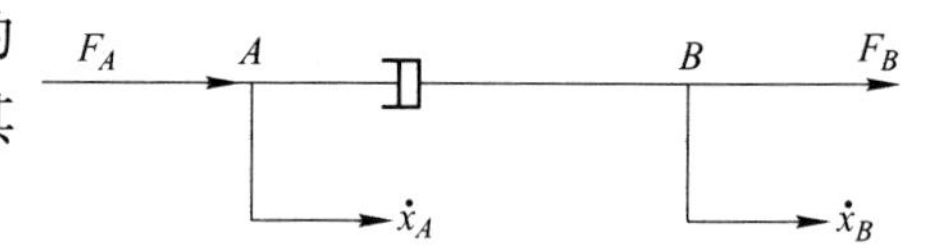

图 1-12 线性阻尼器传递力示意图

输出的速度等于两端的相对速度

$$\dot{X} = \dot{X}_A - \dot{X}_B \tag{1-75}$$

A 点的速度阻抗

$$ZV[c] = \frac{F\mathrm{e}^{\mathrm{j}\omega t}}{\dot{X}} = \frac{F\mathrm{e}^{\mathrm{j}\omega t}}{\frac{F}{c}\mathrm{e}^{\mathrm{j}\omega t}} = c \tag{1-76}$$

因为

$$F_A = c(\dot{X}_A - \dot{X}_B) = c\dot{X} \tag{1-77}$$

线性阻尼器的速度阻抗等于阻尼系数。所以线性阻尼器的速度导纳为：

$$MV[c] = \frac{1}{ZV[c]} = \frac{1}{c} \tag{1-78}$$

线性阻尼器的位移和加速度阻抗（导纳）由速度阻抗乘、除 jω 因子得到：

$$ZD[c] = \mathrm{j}\omega ZV[c] = \mathrm{j}\omega c, ZA[c] = \frac{1}{\mathrm{j}\omega}ZV[c] = \frac{c}{\mathrm{j}\omega} \tag{1-79}$$

由导纳等于阻抗的倒数，得

$$MD[c] = \frac{1}{ZD[c]} = \frac{1}{\mathrm{j}\omega c}, MA[c] = \frac{1}{ZA[c]} = \frac{\mathrm{j}\omega}{c} \tag{1-80}$$

1.4.2.3 理想刚体质量

理想刚体质量的输入力与加速度方向如图 1-13 所示。理想刚体质量是没有弹性的平动质量。基于牛顿第二定律：输入力 F_A 使质量为 m 的刚体产生的加速度是 $\ddot{X}_A$，

$$F_A = m\ddot{X}_A \tag{1-81}$$

按机械阻抗定义：

$$ZA[m] = \frac{F}{\ddot{X}} = m \tag{1-82}$$

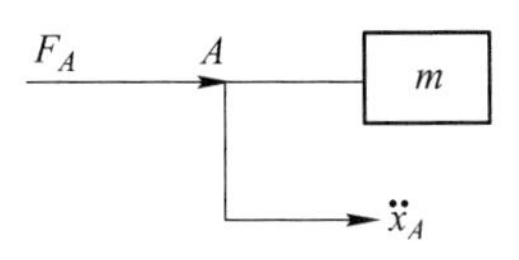

图 1-13 输入力与加速度方向示意图

刚体质量块的加速度阻抗等于质量。它的加速度导纳及其位移、速度阻抗（导纳）为：

$$MA[m] = \frac{1}{ZA[m]} = \frac{1}{m} \tag{1-83}$$

$$ZV[m] = \mathrm{j}\omega ZA[m] = \mathrm{j}\omega m$$

$$MV[m] = \frac{1}{\mathrm{j}\omega}MA[m] = \frac{1}{\mathrm{j}\omega m} \tag{1-84}$$

$$ZA[m] = \mathrm{j}\omega ZV[m] = -\omega^2 m$$

$$MD[m] = \frac{1}{\mathrm{j}\omega}MV[m] = \frac{1}{-\omega^2 m} \tag{1-85}$$

为了查阅方便，把弹簧、阻尼和质量等元件的机械阻抗（导纳）的公式列于表 1-3 中。

表 1-3 弹簧、阻尼和质量等元件的机械阻抗（导纳）的公式

项目	机械阻抗			机械导纳		
	弹簧	阻尼器	质量	弹簧	阻尼器	质量
位移	K	$\mathrm{j}\omega c$	$-\omega^2 m$	$\frac{1}{K}$	$\frac{1}{\mathrm{j}\omega c}$	$-\frac{1}{\omega^2 m}$
速度	$\frac{K}{\mathrm{j}\omega}$	c	$\mathrm{j}\omega m$	$\frac{\mathrm{j}\omega}{K}$	$\frac{1}{c}$	$\frac{1}{\mathrm{j}\omega m}$
加速度	$-\frac{K}{\omega^2}$	$\frac{c}{\mathrm{j}\omega}$	m	$-\frac{\omega^2}{K}$	$\frac{\mathrm{j}\omega}{c}$	$\frac{1}{m}$

1.4.3 根据力—电流相似画机械网络

1.4.3.1 相似关系进一步具体化

用力—电流相似关系，绘制与机械系统相似的机械网络。由机械网络便能进一步画出相似的电路图。

力—电流相似，将力理解为机械网络中的力流，力通过弹簧及阻尼器，完全没有损失地传递过去，由上节可见，是比较自然的。然而，当力作用于刚体质量上时，输入的合力全都产生了质量的加速度响应，就没有力流。已知牛顿第二定律是对惯性坐标系而言的，不像在研究弹簧和阻尼器时，描述两端 A、B 的坐标可以是任意选取的。因为在力—电流相似中，质量对应电路中的电容，两电容器的一端总是接地的。所以规定质量的另一端 B 为接地端，如图 1-14 所示。力流的概念同样扩大到了质量。当质量受到 F_A 力作用时，力通过质量流入公共地线。如果质量两端都连有元件，则力流的一部分经质量流入地，另一部分流入另一个元件 B，如图 1-15 所示。

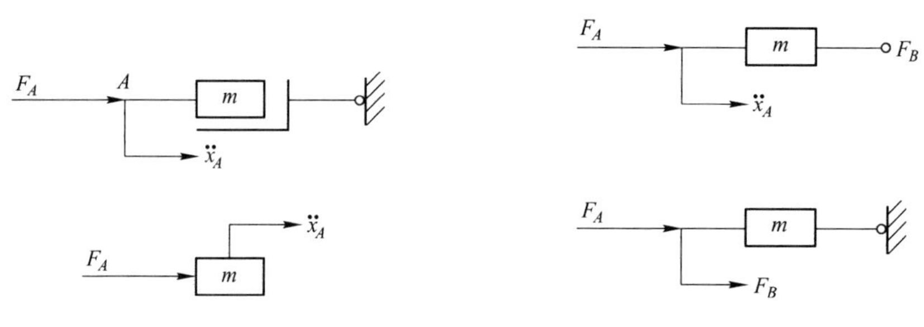

图 1-14　机械网络中的力流　　　图 1-15　受力分析示意图

力—电流相似关系中，还包括速度与电压的相似关系，在具体应用时需同时考虑。在电路系统中，电流流过元件，跨越元件两端产生电位差。正好与跨越弹簧、阻尼元件两端的相对速度对应。应把质量块一端接地后，A 端对 B 端的相对速度即是 A 端的绝对速度，与 A 对地的电压相对应。这样，利用电路中已有的概念，建立起机械网络的概念是比较自然的。机械中的连接点正好与电路中的节点相对应。

1.4.3.2　串并联网络的阻抗（导纳）计算

在电路中利用串并联电路公式，可以计算较为复杂的电路。在力—电流相似网络中，也可以建立类似的公式求解机械网络。按力—电流相似关系建立元件串并联公式。

并联网络（图 1-16）：

$F_A = F_B$，把力看成电流分别流入各元件支路：

$$F_A = F_1 + F_2 + \cdots + F_n \tag{1-86}$$

A、B 两端的相对速度

$$\dot{X} = \dot{X}_A - \dot{X}_B \tag{1-87}$$

A 点的总阻抗：

$$ZV = \frac{F_A}{\dot{X}} = \frac{F_1 + F_2 + \cdots + F_n}{\dot{X}} = \sum \frac{F_i}{\dot{X}} = \sum ZV_i \tag{1-88}$$

$$ZV_i = \frac{F_i}{\dot{X}} \tag{1-89}$$

并联网络中，总阻抗值等于诸元件支路阻抗之和。这一结果与并联电路中的结论相反，并联电路的总导纳等于各支路导纳之和。

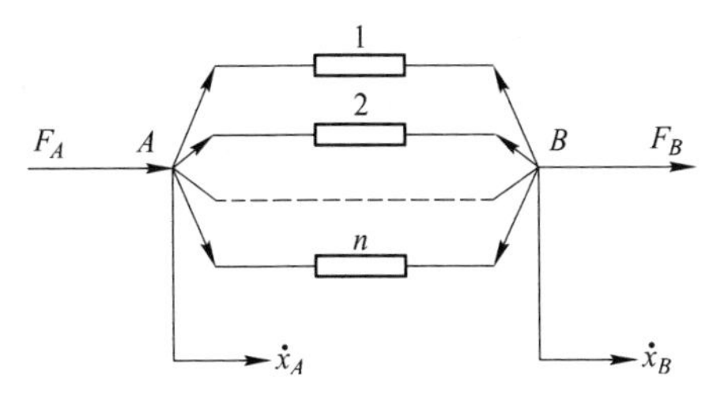

图 1-16 并联网络示意图

串联网络（图 1-17）：

力流依次流过各元件，$F_A = F_B$。各元件间相对速度 X_i 与始末端相对速度有如下关系：

$$\dot{X}_A - \dot{X}_B = \dot{X}_1 + \dot{X}_2 + \cdots + \dot{X}_n \tag{1-90}$$

根据导纳定义，始末端总导纳为

$$MV = \frac{1}{ZV} = \frac{1}{\dfrac{F}{\dot{X}_A - \dot{X}_B}} = \frac{\dot{X}_1 + \dot{X}_2 + \cdots + \dot{X}_n}{F} = \sum_i \frac{\dot{X}_i}{F} = \sum_i MV_i \tag{1-91}$$

式中，$MV_i = \dfrac{X_i}{F}$ 为第 i 元件的导纳。串联网络总导纳的值等于诸元件导纳之和。这一结论与串联电路的结论相反。串联电路中，总阻抗等于各元件阻抗之和。

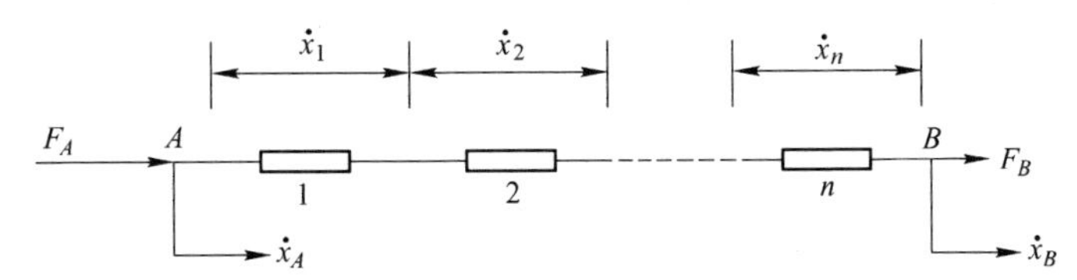

图 1-17 串联网络示意图

以上机械网络中的两个结论，与电路中的结论恰好相反，故称之为逆相似。下面说明产生这种逆相似的原因。

机械阻抗的定义是按照力—电压相似关系建立起来的。速度阻抗定义为

$$ZV = \frac{\tilde{F}}{\dot{\tilde{X}}} = \frac{\text{输入的复激励力(电压)}}{\text{输出的复速度响应(电流)}} = \frac{\tilde{u}}{\tilde{i}} = Z_{\text{电}} \tag{1-92}$$

正好与电路中的阻抗（电压复振幅/电流复振幅）相对应。而力—电流关系相似中，仍沿用了这个定义。没有根据力—电流相似重新建立阻抗和导纳的定义。实际上，在力—电压相似中，定义的机械阻抗正是在力—电流相似中的导纳。由

$$ZV = \frac{\tilde{F}}{\dot{\tilde{X}}} = \frac{\text{通过元件的力流(电流)}}{\text{跨越元件的电压(电压)}} = \frac{\dot{\tilde{i}}}{\tilde{u}} = \frac{1}{Z_{\text{电}}} = M_{\text{电}} \tag{1-93}$$

这一相似关系对于应用来说无影响，但是与习惯上相反。要特别加以注意。下面由力—电流相似规律，举几个画机械网络的例子。

【例题 1-1】 并联弹簧阻尼质量振子受简谐激励作用的相似网络及原点阻抗（图 1-18）。

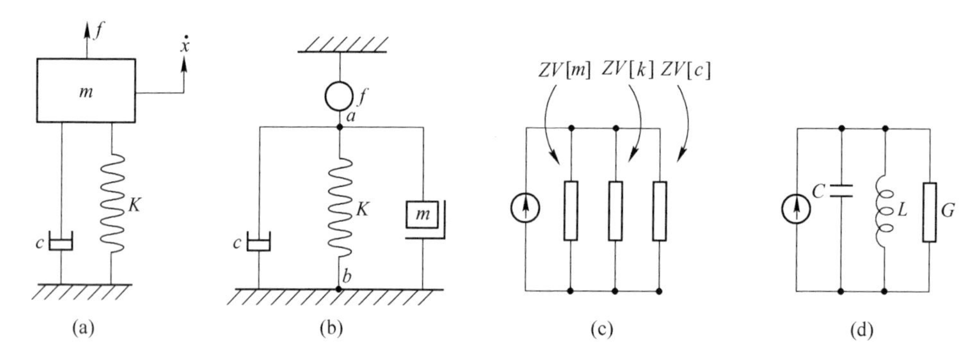

图 1-18 并联弹簧阻尼质量振子受简谐激励作用的相似网络示意图

图 1-18（a）中有两个连接点，质量和地，对应网络中的节点 a 和 b。可视为电流一端流入质量一端接地成回路，质量一端接 f，一端接地；弹簧、阻尼器一端连于质量，一端接地。得到机械网络图 1-18（b）。进一步画为图 1-18（c）及图 1-18（d）的相似电路图。直接利用并联网络求阻抗（导纳），并联网络的阻抗等于各元件阻抗之和：

$$ZV = ZV[m] + ZV[K] + ZV[C] = \mathrm{j}\omega m + \frac{K}{\mathrm{j}\omega} + c$$

$$= c + \mathrm{j}\left(\omega m - \frac{K}{\omega}\right) \tag{1-94}$$

故

$$MV = \frac{1}{ZV} = \frac{1}{c + \mathrm{j}\left(\omega m - \dfrac{K}{\omega}\right)}$$

【例题 1-2】 串联弹簧阻尼质量系统的机械网络及原点导纳（图 1-19）。

质量一端接地，激励力一端接地，构成串联回路。串联各元件中力流不变。串联网络的总导纳等于各元件的导纳之和。

$$MV = MV[C] + MV[K] + MV[m] = \frac{1}{c} + \frac{\mathrm{j}\omega}{K} + \frac{1}{\mathrm{j}\omega m}$$

$$= \frac{1}{c} + \mathrm{j}\left(\frac{\omega}{K} - \frac{1}{\omega m}\right) \tag{1-95}$$

$$ZV = \frac{1}{MV} = \frac{1}{\dfrac{1}{c} + \mathrm{j}\left(\dfrac{\omega}{K} - \dfrac{1}{\omega m}\right)} \tag{1-96}$$

【例题 1-3】 动力吸振器的相似网络及位移阻抗和导纳（图 1-20）。

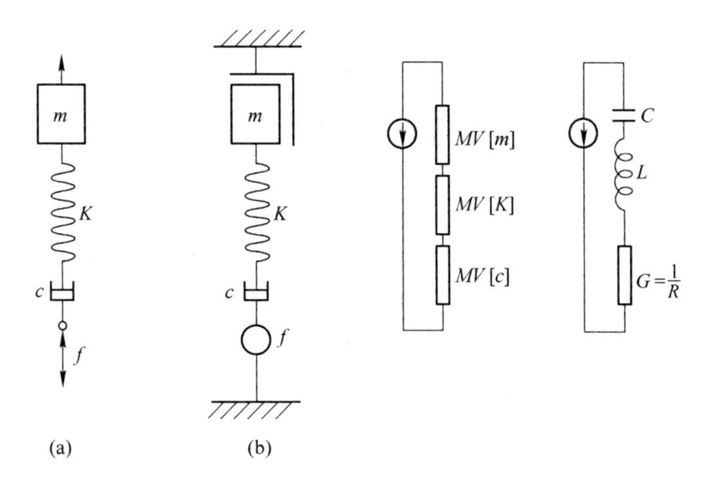

图 1-19 串联弹簧阻尼质量系统的机械网络示意图

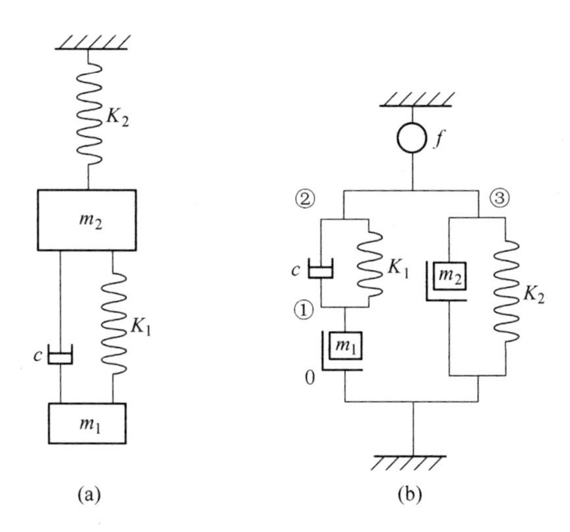

图 1-20 动力吸振器的相似网络示意图

根据力—电流相似关系，画出机械网络。再由串并联网络公式及元件的阻抗（导纳）求原点阻抗。为明确起见，将网络图 1-20（b）上，标注 0、①、②、③，以便表示支路的阻抗（导纳）。将元件的位移阻抗和导纳列于表 1-4 中，支路的阻抗及导纳列于表 1-5。

表 1-4 元件的位移阻抗及位移导纳表

m_1	K_1	c	m_2	K_2
$-\omega^2 m_1$	K_1	$\mathrm{j}\omega c$	$-\omega^2 m_2$	K_2
$-\dfrac{1}{\omega^2 m_1}$	$\dfrac{1}{K}$	$\dfrac{1}{\mathrm{j}\omega c}$	$-\dfrac{1}{\omega^2 m_2}$	$\dfrac{1}{K_2}$

表 1-5 支路的阻抗及导纳表

	②-①	②-0	③-0
Z	$j\omega c+K_1$	$\dfrac{(K_1+j\omega c)\omega^2 m_1}{\omega^2 m_1-K_1-j\omega c}$	$-\omega^2 m_2+K_2$
M	$\dfrac{1}{j\omega c+K_1}$	$\dfrac{1}{j\omega c+K_1}-\dfrac{1}{\omega^2 m_1}$	

激振点的位移阻抗

$$Z=Z_{2-0}+Z_{3-0} \tag{1-97}$$

$$\begin{aligned}Z&=\frac{(K_1+j\omega c)\omega^2 m_1}{\omega^2 m_1-K_1-j\omega c}+(K_2-\omega^2 m_2)\\&=\frac{[(K_2-m_2\omega^2)(K_1-m_1\omega^2)-K_1m_1\omega^2]+j\omega c(K_2-m_2\omega^2-m_1\omega^2)}{(K_1-m_1\omega^2)+j\omega c}\end{aligned}$$

$$M=1/Z \tag{1-98}$$

以上结果与用机械振动理论求出的结果完全相同。由此可见，对于简单集中质量（或转动惯量）的多自由度系统。可以利用力—电流相似关系画出机械网络图，再根据串并联网络公式和元件的阻抗及导纳值，求出原点阻抗或导纳。这种方法的优点是：不需建立微分方程也不需求解微分方程式，便可得到系统的稳态响应。不仅可以建立电路与机械间的模拟，也是一种求解简单振动系统稳态响应的方法。

2 单自由度振动系统导纳分析

对单自由度振动系统的导纳特性有了充分的认识后，有利于对多自由度振动系统主模态导纳的分析。

2.1 位移导纳特性分析

由第 1 章可知，弹簧阻尼质量振子在简谐激励力作用下，原点的阻抗函数和导纳函数为：

$$ZD(\omega) = \frac{\widetilde{F}}{\widetilde{X}} = K - m\omega^2 + \mathrm{j}\omega c \tag{2-1}$$

$$MD(\omega) = \frac{\widetilde{X}}{\widetilde{F}} = \frac{1}{K - m\omega^2 + \mathrm{j}\omega c} \tag{2-2}$$

以上均为激励频率函数，将式（2-2）两边乘以 K，并采用以下记号，化为振动理论中常见的形式：

$$\frac{K}{m} = \omega_n^2, \frac{\omega c}{K} = \frac{\omega c}{\omega_n \sqrt{Km}} = 2\xi\lambda$$

$$2\sqrt{Km} = C_c, \xi = \frac{c}{C_c}, \lambda = \frac{\omega}{\omega_n}$$

$$KMD(\omega) = \frac{K\widetilde{X}}{\widetilde{F}} = \frac{1}{(1-\lambda^2) + \mathrm{j}2\xi\lambda} = \beta \tag{2-3}$$

位移导纳函数等于 $1/K$ 倍动力放大系数。导纳函数是在频率域中对稳态响应的描述，就是简谐激励下的传递函数。

应用导纳测试数据进行分析时，把导纳函数表示成：（1）幅频和相频特性；（2）实频和虚频特性；（3）矢端特性。三种表示法各有其特点。

2.1.1 幅频和相频特性

由式（2-1）分别写出阻抗函数的模和幅角及导纳函数的模和相位差

$$|ZD(\omega)| = \sqrt{(K - m\omega)^2 + (c\omega)^2}$$

$$\phi = \tan^{-1}\frac{c\omega}{K - m\omega^2}$$

$$|MD(\omega)| = \frac{1}{\sqrt{(K - m\omega^2) + (c\omega)^2}}$$

$$\phi = \tan^{-1}\frac{-c\omega}{K - m\omega^2} \tag{2-4}$$

式（2-3）表示的动力放大系数的幅频特性及相频特性曲线，在一般的振动理论书中都有介绍。下面采用具体数字的例题，介绍描绘导纳函数的幅频相频曲线的过程。

质量 $m = 2.5\text{kg}$，弹簧的刚度系数 $K = 2\times10^4\text{N/m}$，阻尼系数 $c = 11\text{N}\cdot\text{s/m}$。

无阻尼固有频率

$$\omega_n = \sqrt{\frac{K}{m}} = \sqrt{\frac{2\times10^4}{2.5}} = 89.44\text{rad/s}$$

$$f_n = \frac{\omega_n}{2\pi} = 14.235\text{Hz}$$

临界阻尼 C_c 及阻尼比 ξ

$$C_c = 2\sqrt{Km} = 2\omega_n m = 447.2\text{N}\cdot\text{s/m}$$

$$\xi = \frac{C}{C_c} = \frac{11}{447.2} = 0.0246$$

$$|MD(\omega)| = \frac{1}{K\sqrt{(1-\lambda^2)^2 + (2\xi\lambda)^2}}$$

$$\lambda = \frac{\omega}{\omega_n}$$

$$\frac{1}{K} = \frac{1}{2\times10^4} = 0.5\times10^{-4}\text{m/N}$$

$$\phi(\omega) = \tan^{-1}\left(\frac{-2\xi\lambda}{1-\lambda^2}\right)$$

λ 取一系列值，计算出 $|MD(\omega)|$、$\phi(\omega)$ 的值（表 2-1），按频率为横坐标，画出幅频及相频特性曲线。图 2-1（a）是采用直线均匀坐标画出的幅频及相频特性曲线。图 2-1（b）是按对数坐标画出的幅频及相频特性曲线。由图可见，采用对数坐标有以下优点：

（1）扩大频率范围。机械振动系统或自动控制系统的低频特性很重要。频率采用对数坐标后，低频段范围扩大，可以看得比较细致。高频段的范围也增大，若 $f = 1000\text{Hz}$，采用直线均匀坐标时，需将图 2-1（a）水平坐标扩大到 10 倍；采用对数坐标时，只需将图 2-1（b）水平坐标扩大到 1.5 倍。

（2）扩大幅值的动态范围。当垂直坐标也采用对数坐标表示时，标尺每格按 10 倍变化，同样大小的尺寸，比直线坐标表示的尺度范围要大得多。如 1:1000的变化时，只需三大格。

表 2-1 λ 取一系列值相应的计算值

λ	1/10	$1/\sqrt{10}$	$1/\sqrt{2}$	1	$\sqrt{2}$	$\sqrt{10}$	10	10^2
f	1.424	4.503	10.06	14.24	20.14	45.03	142.4	14.24
$\|M(\omega)\|$	0.50504×10^{-4}	0.55547×10^{-4}	0.99759×10^{-4}	10.1626×10^{-4}	0.49879×10^{-4}	0.05555×10^{-4}	0.0505×10^{-6}	0.005×10^{-6}
ϕ	-0.2847	-0.9904	-3.98	-90	$3.98-180°$	$0.9903-180°$	$0.2847-180°$	$0.02819-180°$
Re (M)	0.50504×10^{-4}	0.55539×10^{-4}	0.99518×10^{-4}	0	-0.49759×10^{-4}	-0.5554×10^{-5}	-0.505×10^{-6}	-0.05×10^{-7}
Im (M)	-0.251×10^{-6}	-0.96×10^{-6}	-0.6924×10^{-5}	-10.1626×10^{-4}	0.3462×10^{-5}	-0.096×10^{-6}	0.003×10^{-6}	-0.246×10^{-13}

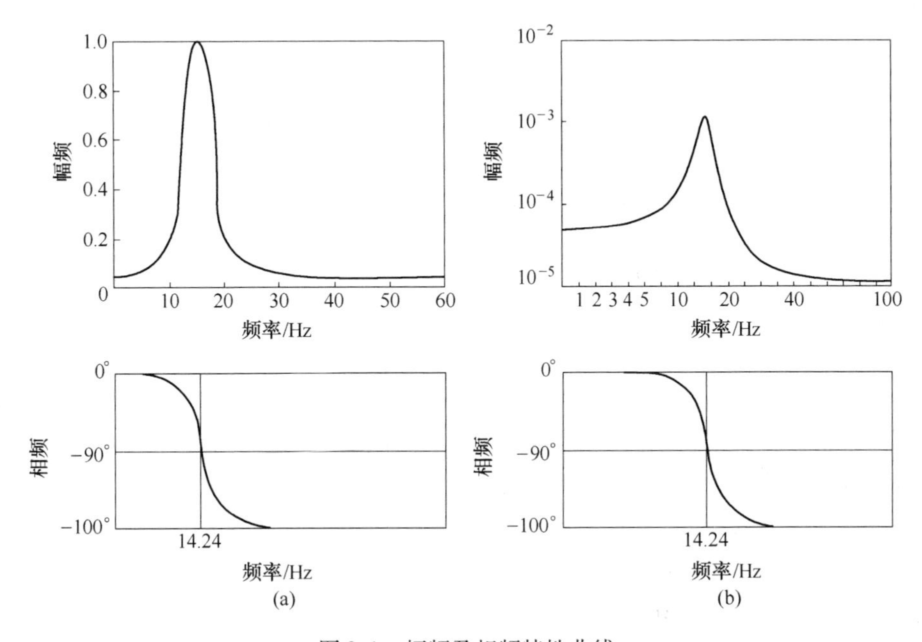

图 2-1 幅频及相频特性曲线

（a）采用直线均匀坐标画出的幅频及相频特性曲线；（b）按对数坐标画出的幅频及相频特性曲线

（3）共振峰值变缓。共振峰值附近的数据对模态分析极为重要。由于直线均匀坐标频率刻度密集，垂直幅值又直线增加，表现出的峰值很尖锐。当采用对数坐标时，水平频率坐标虽然有压缩，但垂直幅值按对数增加，故显得曲线缓慢变化，得到的数据精度更高。

（4）机械元件的导纳和阻抗特性曲线。机械元件的导纳和阻抗特性曲线，在对数坐标中称为直线，画起来比较简单；此外，在对数坐标中，幅值相乘转化为相加，易于采用分贝表示响应量级，这样与电平测量信号的方法就统一起来，在应用各种电子仪表测试时比较方便。

2.1.2 实频和虚频特性

阻抗和导纳的复变函数一般能分为实部和虚部函数，它们均为 ω 的实函数。以频率为横坐标，函数值为纵坐标所画的曲线是实频和虚频的特性曲线。将位移导纳函数的分母有理化：

$$
\begin{aligned}
MD(\omega) &= \frac{1}{K - m\omega^2 + \mathrm{j}\omega c} \cdot \frac{K - m\omega^2 - \mathrm{j}\omega c}{K - m\omega^2 - \mathrm{j}\omega c} \\
&= \frac{K - m\omega^2}{(K - m\omega^2)^2 + (\omega c)^2} + \mathrm{j}\frac{-\omega c}{(K - m\omega^2) + (\omega c)^2} \\
&= \mathrm{Re}[MD(\omega)] + \mathrm{jIm}[MD(\omega)]
\end{aligned} \tag{2-5}
$$

$$
\mathrm{Re}[MD(\omega)] = \frac{K - m\omega^2}{(K - m\omega^2)^2 + (c\omega)^2} = \frac{1 - \lambda^2}{K[(1 - \lambda^2)^2 + (2\xi\lambda)^2]} \tag{2-6}
$$

$$
\mathrm{Im}[MD(\omega)] = \frac{-c\omega}{(K - m\omega^2)^2 + (c\omega)^2} = \frac{-2\xi\lambda}{K[(1 - \lambda^2)^2 + (2\xi\lambda)^2]} \tag{2-7}
$$

实频特性是 ω 的偶函数，虚频特性是 ω 的奇函数。按复数运算规则，有

$$
\begin{aligned}
|MD(\omega)| &= \sqrt{\mathrm{Re}[MD(\omega)]^2 + \mathrm{Im}[MD(\omega)]^2} \\
&= \sqrt{MD(\omega) \cdot MD^*(\omega)}
\end{aligned} \tag{2-8}
$$

式中
$$
MD^*(\omega) = \frac{1}{K - m\omega^2 - \mathrm{j}\omega c}
$$

λ 取一系列值，计算出实频和虚频的函数值，列表，按对数坐标画出幅值和频率的图线称为实频特性和虚频特性曲线。采用前面例题的数据，画出的实虚频特性曲线如图 2-2 所示。

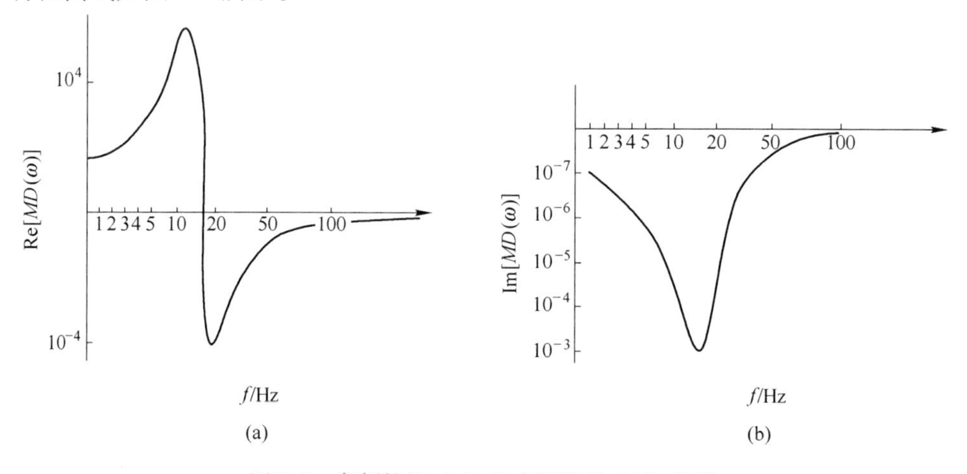

图 2-2 实频特性（a）和虚频特性（b）曲线

2.1.3 矢端图

从任一点出发，将每个频率值所对应的复导纳的幅值 $|MD(\omega)|$ 和相位 $\phi(\omega)$ 的矢量画成图形，构成复导纳矢端图，也叫奈奎斯特（Nyguist）曲线。一般在共振频率附近的复导纳矢端曲线最有意义。可以证明，在共振点附近的半功率带宽内，复导纳矢端曲线轨迹为一圆。

考虑黏性小阻尼系统，取变量 u 、v 代表实部和虚部

$$u = \mathrm{Re}[MD(\omega)] = \frac{K - m\omega^2}{(K - m\omega^2)^2 + (\omega c)^2} \tag{2-9}$$

$$v = \mathrm{Im}[MD(\omega)] = \frac{-c\omega}{(K - m\omega^2)^2 + (\omega c)^2} \tag{2-10}$$

则

$$u^2 + \left(v + \frac{1}{2\omega c}\right)^2 = \frac{(K - m\omega^2)^2 + \omega^2 c^2}{[(K - m\omega^2)^2 + (c\omega)^2]^2} - \frac{2c\omega}{2\omega c[(K - m\omega^2)^2 + (\omega c)^2]^2} + \left(\frac{1}{2\omega c}\right)^2 \tag{2-11}$$

$$u^2 + \left(v + \frac{1}{2\omega c}\right)^2 = \frac{1}{(2\omega c)^2} \tag{2-12}$$

圆心坐标（0，$-\frac{1}{2}\omega c$）点，半径等于$\frac{1}{2}\omega c$ 的圆，如图 2-3（a）为画出此导纳圆，需将频率比 λ 在 1 附近加以细化。由于系统的固有频率 f_n =14.23Hz，故在 13～15Hz 范围内计算 16 个频率点所对应的数据，见表 2-2。

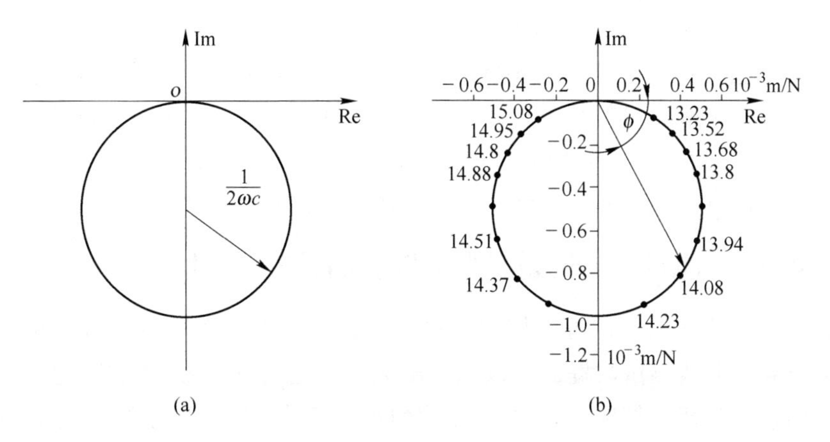

图 2-3 导纳圆（a）和 Nyquist 曲线（b）

表 2-2 13～15Hz 范围内计算 16 个频率点所对应的数据

λ	f/Hz	Re［MD（ω）］	Im［MD（ω）］
0.91	12.95	0.272389×10^{-3}	-0.70945×10^{-4}
0.93	13.23	0.332012×10^{-3}	-0.112447×10^{-3}
0.95	13.52	0.416992×10^{-3}	-0.199899×10^{-3}
0.96	13.66	0.467992×10^{-3}	-0.281901×10^{-3}
0.97	13.8	0.512097×10^{-3}	-0.413525×10^{-3}
0.98	13.94	0.50863×10^{-3}	-0.619274×10^{-3}
0.99	14.08	0.359403×10^{-3}	-0.879689×10^{-3}
0.995	14.16	0.19982×10^{-3}	-0.98065×10^{-3}
1.0	14.23	0	-1.0126×10^{-3}
1.01	14.37	-0.349771×10^{-3}	-0.864719×10^{-3}
1.02	14.51	-0.486677×10^{-3}	-0.60454×10^{-3}
1.03	14.66	-0.485115×10^{-3}	-0.403675×10^{-3}
1.04	14.8	-0.43981×10^{-3}	-0.275787×10^{-3}
1.05	14.95	-0.388994×10^{-3}	-0.196053×10^{-3}
1.06	15.08	-0.343395×10^{-3}	-0.144892×10^{-3}
1.07	15.2261	-0.304821×10^{-3}	-0.110748×10^{-3}

按表中数据逐点描绘，得图 2-3（b）所示的 Nyquist 曲线。在图 2-1 的幅频特性曲线上，在频率为 13～15Hz 的频带内，为一尖峰，在图 2-3（b）中，为一超过半圆的弧。这样，矢端图将 3Hz 的频率带宽扩成了大半个圆弧。在这个圆弧上，能够清楚地显示相差 0.14Hz 的频率变化，使频率尺度得到细化，导纳幅值随频率的变化关系显示得更为清晰，精度能提高一个数量级。同时可以看到，在共振点附近，矢端划过的弧长，随频率 f 的变化率为最大，ds/df 为最大。根据这一关系，可以在导纳圆上确定共振频率。因此，在模态分析中，采用导纳圆法，需要仪器有较高的频率分辨率，并且有频率细化的功能。

2.2 从导纳（阻抗）曲线识别系统的固有动态特性

机械系统的动态特性可以按照理论计算，也可以由振动测试数据中分析得到。通过导纳曲线测试数据，可以识别出无阻尼固有频率 ω_n、有阻尼固有频率 ω_R、阻尼比 ζ、反共振频率 ω_A 等。对多自由度系统还能识别出振型向量 $\{\phi\}$ 以及模态质量和模态刚度，称为模态参数识别。

2.2.1 识别固有频率 ω_n 和共振频率 ω_R

固有频率和共振频率是有区别的，但有时又是相等的，容易混淆。这里作者试图给出解释与定义：固有频率定义为当系统阻尼为零时的系统的固有频率；共振频率则定义为当导纳幅值为最大时系统的频率。由于位移、速度和加速度的导纳为最大值时，系统的频率不同。又分为位移共振频率、速度共振频率及加速度共振频率。

2.2.1.1 确定固有频率 ω_n

实际系统中存在有阻尼，怎样从有阻尼的系统中测出无阻尼的固有频率呢？根据位移、速度及加速度导纳曲线间的不同特性可以测出。

A 用速度导纳曲线确定 ω_n

由位移阻抗：

$$ZD(\omega) = K - m\omega^2 + j\omega c \tag{2-13}$$

得速度阻抗：

$$ZV(\omega) = \frac{1}{j\omega}(K - m\omega^2 + j\omega c) \tag{2-14}$$

于是速度导纳：

$$MV(\omega) = \frac{1}{c + j\left(m\omega - \dfrac{K}{\omega}\right)} \tag{2-15}$$

速度导纳的幅频特性及相频特性为：

$$|MV(\omega)| = \frac{1}{\sqrt{c^2 + \left(m\omega - \dfrac{K}{\omega}\right)^2}} \tag{2-16}$$

$$\phi(MV) = \tan^{-1}\frac{-\left(m\omega - \dfrac{K}{\omega}\right)}{c} \tag{2-17}$$

为求 $|MV(\omega)|$ 的最大值，求出它对 ω 的导数，然后令其等于零，即

$$\frac{d|MV(\omega)|}{d\omega} = \frac{-\left[\left(m\omega - \dfrac{K}{\omega}\right)\left(m - \dfrac{K}{\omega^2}\right)\right]}{\left[c^2 + \left(m\omega - \dfrac{K}{\omega}\right)^2\right]^{3/2}} = 0$$

解得

$$\omega^2 = \frac{K}{m} = \omega_n^2$$

代回式（2－17）中，得

$$|MV(\omega)|_{\max} = \frac{1}{c} \text{ 及 } \phi(MV) = 0$$

所以，速度共振频率 ω_{R_V}，等于无阻尼系统的固有频率 ω_n。这样，速度导纳的幅频曲线的最大值所对应的频率，或速度导纳相频曲线上零相位处对应的频率，便是系统的无阻尼固有频率。

B　用位移导纳的实、虚频特性确定无阻尼固有频率

令式（2-6）等于零，得

$$\mathrm{Re}[MD(\omega)] = \frac{K - m\omega^2}{(K - m\omega^2)^2 + (\omega c)^2} = 0$$

于是有

$$K - m\omega^2 = 0\ ,\ \omega^2 = \frac{K}{m} = \omega_n^2$$

位移导纳实部对应无阻尼固有频率 ω_n。

由位移导纳虚部式（2-7）的峰值确定 ω_n。求虚部峰值对应的频率：

$$\mathrm{Im}[MD(\omega)] = \frac{-\omega c}{(K - m\omega^2)^2 + (c\omega)^2}$$

令 $$\frac{\mathrm{dIm}}{\mathrm{d}\omega} = \frac{-c[(K - m\omega^2)^2 + (c\omega)^2] + \omega c[2(K - m\omega^2)(-2m\omega) + 2\omega c^2]}{(K - m\omega^2)^2 + (\omega c)^2} = 0$$

化简后

$$3\omega^4 - \omega^2\left(2\frac{K}{m} - \frac{c^2}{m^2}\right) - \frac{K^2}{m^2} = 0$$

$$\omega^2 = \frac{1}{6}\left[\left(2\frac{K}{m} - \frac{c^2}{m^2}\right) \pm \sqrt{\left(\frac{2K}{m} - \frac{c^2}{m^2}\right)^2 + 4.3\frac{K^2}{m^2}}\right]$$

$$= \frac{1}{6}\left[\left(\frac{2K}{m} - \frac{c^2}{m^2}\right) + \sqrt{16\frac{K^2}{m^2} - 4\frac{K}{m}\cdot\frac{c^2}{m^2} + \frac{c^4}{m^4}}\right]$$

设 $c/m \ll 1$，可以略去，根号前取正号，则有

$$\omega^2 \approx \frac{K}{m} = \omega_n^2$$

即当位移导纳虚频特性曲线为最大值时，得

$$|I_m[MD(\omega)]|_{\max} = \frac{1}{c\omega_n} \tag{2-18}$$

近似对应（阻尼较小时）无阻尼固有频率 ω_n。

2.2.1.2　确定共振频率 ω_{RD}、ω_{RV}、ω_{RA}

共振频率即位移、速度、加速度响应值（导纳）为最大值时，所对应的频率。上节已证明速度共振频率 $\omega_{RV} = \omega_n$，等于无阻尼固有频率。

已知位移导纳及加速度导纳的幅频特性：

$$|MD(\omega)| = \frac{1}{\sqrt{(K - m\omega^2)^2 + (c^2\omega)^2}} \tag{2-19}$$

$$|MA(\omega)| = \frac{1}{\sqrt{\left(m - \frac{K}{\omega}\right)^2 + \left(\frac{c}{\omega}\right)^2}} \tag{2-20}$$

可以证明对应位移导纳及加速度导纳为最大值时的频率分别为：

$\omega_{RD} = \omega_n \sqrt{1 - 2\xi^2}$　　相位不在 −90°，约 −85°

$\omega_{RA} = \omega_n \sqrt{1 + 2\xi^2}$　　相位超过 +90°

当阻尼比 $\xi = 0.05 \sim 0.2$ 时，各共振频率等于无阻尼固有频率 $\omega_R = \omega_n$。

2.2.2 识别阻尼比 ξ（阻尼系数 c）

从振动理论可知，很小的阻尼对共振的振幅有很大的影响。因此，根据共振区的幅频特性曲线，能够判定系统的阻尼比，从而计算出系统的阻尼系数。

2.2.2.1 由位移导纳共振曲线确定阻尼比

位移导纳幅频特性为

$$|MD(\omega)| = \frac{1}{\sqrt{(K - m\omega^2)^2 + (c\omega)^2}}$$

$$= \frac{1}{K\sqrt{(1 - \lambda^2)^2 + (2\xi\lambda)^2}} \tag{2-21}$$

设小阻尼 $\omega_R \approx \omega_n$，$\lambda = 1$ 时：

$$|MD(\omega)|_{\max} = \frac{1}{2\xi K} \tag{2-22}$$

当 $\omega = 0$ 时，$|MD(0)| = \frac{1}{K}$ 为静柔度。

动力放大系数

$$\beta = \frac{|MD(\omega_R)|}{|MD(0)|} = \frac{1}{2\xi} \tag{2-23}$$

图 2-4（a）中用双对数坐标表示了幅频特性曲线，从图上求出 $b'c'$ 的值：

$$S = \frac{1}{2b'c'}$$

$$ac = \log|MD(\omega_R)|$$

$$ab = \log|MD(0)|$$

$$bc = \log|MD(\omega_R)| - \log|MD(0)| = \log\frac{|MD(\omega_R)|}{|MD(0)|}$$

$$b'c' = 10^{bc} = \frac{|MD(\omega_R)|}{|MD(0)|} = \frac{1}{2\xi}$$

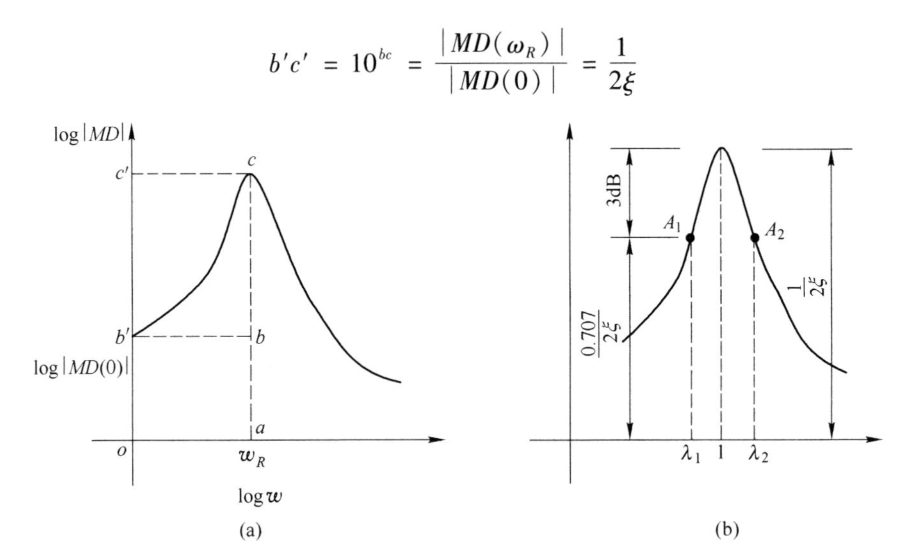

图 2-4 双对数坐标表示的幅频特性曲线

这里利用了峰值数据，实际上在共振峰值，不易得到稳定的数值，故结果不太精确。于是，采用半功率带宽法求 ξ 。

先介绍半功率点，由分贝定义可知$\sqrt{2}$:1 相当于 3dB。从峰值处下降 3dB 对应的带宽称半功率带宽。

假定曲线是对称的，取其幅值等于 0.707/2 ξ ，除对应曲线上 A_1 和 A_2 点称为半功率点，对应的频率比为 λ_1 和 λ_2 ，则：

$$\Delta\omega = \omega_R(\lambda_2 - \lambda_1) = \omega_2 - \omega_1$$

便是半功率带宽。

因为，半功率点的幅值为

$$\frac{1}{\sqrt{2}}|MD(\omega_R)| = \frac{1}{\sqrt{2}} \cdot \frac{1}{2\xi K}$$

对应的半功率带宽，可由如下关系求出 λ_1 、λ_2 :

$$\frac{1}{2\sqrt{2}\xi K} = \frac{1}{K\sqrt{(1-\lambda^2)^2 + (2\xi\lambda)^2}}$$

$$\frac{0.707}{2\xi} = \frac{2}{\sqrt{(1-\lambda^2)^2 + (2\xi\lambda)^2}}$$

化简为

$$\lambda^4 - 2(1-2\xi^2)\lambda^2 + 1 - 8\xi^2 = 0$$

$$\lambda_1^2、\lambda_2^2 = (1-2\xi^2) \pm 2\xi/1 + \xi^2$$

当 $\xi \ll 1$ 时，略去 ξ^2 项

$$\lambda_1^2、\lambda_2^2 = 1 + 2\xi,\ \lambda_1 = \frac{\omega_1}{\omega_R},\ \lambda_2 = \frac{\omega_2}{\omega_R}$$

$$\frac{\omega_1^2}{\omega_R^2} = 1 - 2\xi\ ,\ \frac{\omega_2^2}{\omega_R^2} = 1 + 2\xi$$

相减得
$$4\xi = \frac{\omega_2^2 - \omega_1^2}{\omega_R^2} = \frac{(\omega_2 - \omega_1)(\omega_2 + \omega_1)}{\omega_R \omega_R}$$

由于曲线近似为对称，故

$$\omega_1 + \omega_2 \approx 2\omega_R$$

于是

$$2\xi = \frac{\omega_2 - \omega_1}{\omega_R} \tag{2-24}$$

这样，在幅频特性曲线上，找出 3 个频率 ω_R、ω_2、ω_1 后便可求出阻尼 ξ。

2.2.2.2 用位移导纳在共振区的矢端图（Nyquist）确定 ω_n、ξ

重新写出导纳圆公式，令

$$u = \mathrm{Re}[MD(\omega)] = \frac{K - m\omega^2}{(K - m\omega^2)^2 + (\omega c)^2} \tag{2-25}$$

$$v = \mathrm{Im}[MD(\omega)] = \frac{-\omega c}{(K - m\omega^2)^2 + (\omega c)^2} \tag{2-26}$$

在 $\omega = \omega_R$ 附近则有

$$u^2 + \left(v + \frac{1}{2c\omega_R}\right)^2 = \left(\frac{1}{2c\omega_R}\right)^2 \tag{2-27}$$

圆心在 $(0, -1/2c\omega_n)$ 的圆。

2.2.2.3 导纳圆和虚轴的交点对应无阻尼固有频率 ω_n

因在虚轴上，$u = 0$，$v = |\mathrm{Im}[MD(\omega)]|_{\max}$ 正是虚频的最大值，对应固有频率 ω_n。

2.2.2.4 从导纳圆的半径 $R = 1/2c\omega_n$，确定阻尼系数 c

量出导纳圆半径 R，已知 ω_n，则

$$c = \frac{1}{2R\omega_n} \tag{2-28}$$

2.2.2.5 在导纳圆上 ω_n 前后任意取二频率点确定阻尼比

在导纳圆（图 2-5）上，对应 ω_n 点前后，取 a、b 二点，分别对应 ω_a、ω_b 二频率，于是，有 $\omega_a < \omega_n < \omega_b$，$a$、$b$ 二点对应圆心角 α_a、α_b，圆周角 $1/2\ \alpha_a$、$1/2\ \alpha_b$，则阻尼比

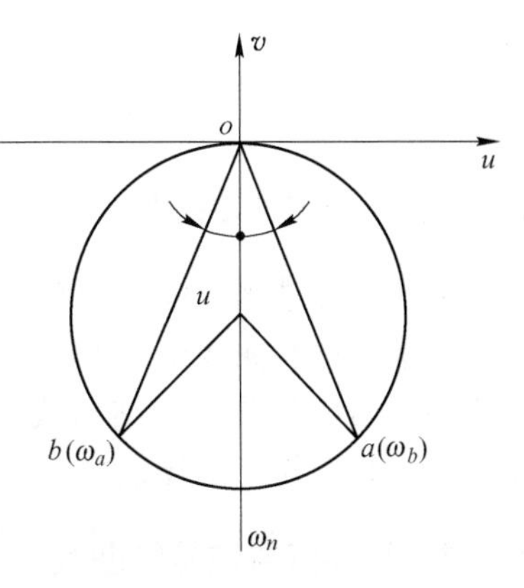

图 2-5 导纳圆

$$\xi = \frac{1}{\tan\frac{\alpha_b}{2} + \tan\frac{\alpha_a}{2}} \cdot \frac{\omega_b - \omega_a}{\omega_n}$$

因为
$$\tan\frac{\alpha_a}{2} = \frac{K - m\omega_a^2}{c\omega_a} = \frac{1 - \lambda_a^2}{2\xi\lambda_a}$$

式中，$\lambda_a = \omega_a/\omega_n$，$\omega_n = \sqrt{K/m}$。

于是
$$\lambda_a^2 + 2\xi\tan\frac{\alpha_a}{2} \cdot \lambda_a - 1 = 0$$

解得
$$\lambda_a = \frac{1}{2}\left(-2\xi\tan\frac{\alpha_a}{2} \pm \sqrt{\left(2\xi\tan\frac{\alpha_a}{2}\right)^2 + 4}\right)$$

当阻尼比 $\xi < 0.1$ 时，舍去 $\left(2\xi\tan\frac{\alpha_a}{2}\right)^2$ 得

$$\lambda_a \approx \xi\tan\frac{\alpha_a}{2} \pm 1$$

因为 $\lambda_a > 0$，所以

$$\begin{cases} \lambda_a \approx 1 - \xi\tan\frac{\alpha_a}{2} \\ \lambda_b \approx 1 + \xi\tan\frac{\alpha_b}{2} \end{cases}$$

故
$$\lambda_b - \lambda_a = \xi\left(\tan\frac{\alpha_a}{2} + \tan\frac{\alpha_b}{2}\right)$$

即
$$\xi = \frac{\lambda_b - \lambda_a}{\tan\frac{\alpha_a}{2} + \tan\frac{\alpha_b}{2}} = \frac{1}{\tan\frac{\alpha_a}{2} + \tan\frac{\alpha_b}{2}} \cdot \frac{\omega_b - \omega_a}{\omega_n} \tag{2-29}$$

当 $\alpha_a = \alpha_b = 90°$ 时，便得到根据半功率点幅频特性求阻尼比相同的结果：

$$\xi = \frac{\omega_b - \omega_a}{2\omega_n} \tag{2-30}$$

利用式（2-29）求阻尼比，避开了峰值数据，峰值数据的稳定性较差。

2.3 近似勾画导纳曲线

系统的导纳函数中包含有系统的质量、刚度和阻尼等参数。因此，从测量得到的导纳数据和曲线中，可以得到这些参数。显然，质量、刚度和阻尼等元件参数的导纳曲线和系统导纳曲线间存在着某些关系。本节先研究诸元件的导纳曲线，然后研究勾画总导纳曲线的近似方法。

2.3.1 元件的导纳特性曲线

为了方便起见，把元件导纳函数列表，见表 2-3。

表 2-3 元件导纳函数列表

项目	阻抗			导纳		
	弹簧	阻尼器	质量	弹簧	阻尼器	质量
速度	K	$\mathrm{j}\omega c$	$-\omega^2 m$	$\frac{1}{K}$	$\frac{1}{\mathrm{j}\omega c}$	$-\frac{1}{\omega^2 m}$
位移	$\frac{K}{\mathrm{j}\omega}$	c	$\mathrm{j}\omega m$	$\frac{\mathrm{j}\omega}{K}$	$\frac{1}{c}$	$\frac{1}{\mathrm{j}\omega m}$
加速度	$-\frac{K}{\omega^2}$	$\frac{c}{\mathrm{j}\omega}$	m	$-\frac{\omega^2}{K}$	$\frac{\mathrm{j}\omega}{c}$	$\frac{1}{m}$

表中是诸元件导纳的复数表示式，复数函数中包括有幅值和与稳态简谐力（假设力的初相为零）之间的相位差。由旋转因子定义，j 表示旋转 +90°相角，1/j 表示旋转 -90°相角，$\mathrm{j}^2=-1$ 表示旋转 ±180°相角的关系，可将元件导纳复函数，分别以幅频特性和相频特性表示。

2.3.1.1 在均匀刻度坐标中元件的速度导纳曲线

弹簧的幅频特性
$$|MV[K]| = \frac{\omega}{K} \tag{2-31}$$
是过原点随频率 ω 变化的直线，弹簧的相频特性用 j 表示为 +90°直线。

阻尼器的幅频特性
$$|MV[c]| = \frac{1}{c} \tag{2-32}$$
是常数，表示一水平线，相位特性为 0°直线。

质量的幅频特性
$$|MV[m]| = \frac{1}{m\omega} \tag{2-33}$$
为双曲线，相位特性 1/j 表示是 -90°的直线。

在均匀直线坐标中，三种元件导纳函数总有一条曲线，如图 2-6 所示。若频率采用对数坐标或采用双对数坐标系，则三种元件的三种导纳特性曲线全部为直线。使得在分析中有很多方便，也是工程中多采用对数坐标系的原因之一。

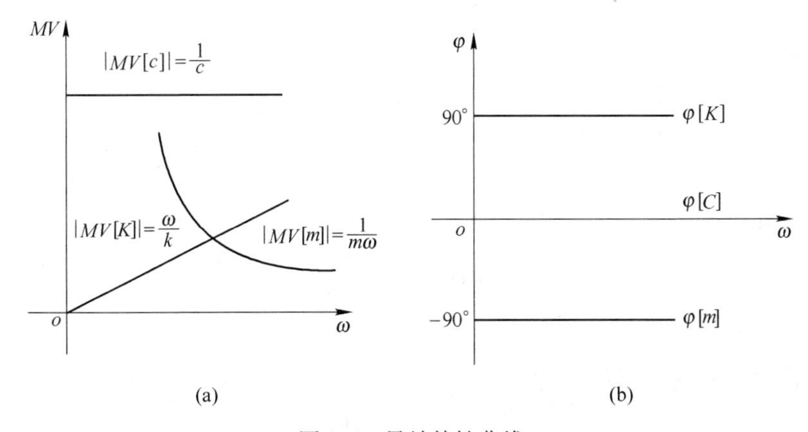

图 2-6 导纳特性曲线

将弹簧元件的速度导纳幅值两边取对数，有

$$\log[MV(K)] = -\log K + \log\omega \tag{2-34}$$

对比直线方程 $y = mx + b$，又 $y = \log|MV[K]|$，$x = \log\omega$，$b = -\log K$，$m = +1$，于是，弹簧元件速度导纳的幅频特性，在双对数坐标系中，为斜率等于 +1 的直线。

将质量元件的速度导纳幅值两边取对数，有

$$\log|MV(m)| = -\log\omega - \log m \tag{2-35}$$

对应 $m = -1$，$b = -\log m$ 的直线方程。质量元件速度导纳的幅频特性，在双对数坐标系中，为斜率等于 -1 的直线。

将阻尼器元件速度导纳的幅值两端取对数，有

$$\log|MV(C)| = -\log c \tag{2-36}$$

为一常数，即阻尼器的速度导纳的幅频特性，在双对数坐标系中，仍为一水平直线，在双对数坐标中，速度导纳如图 2-7 所示。

【例题 2-1】 已知 $m = 2.5\text{kg}$，$K = 2 \times 10^4\text{N/m}$，$c = 11\text{N}\cdot\text{s/m}$，试画出这三个元件速度导纳幅频特性直线图。

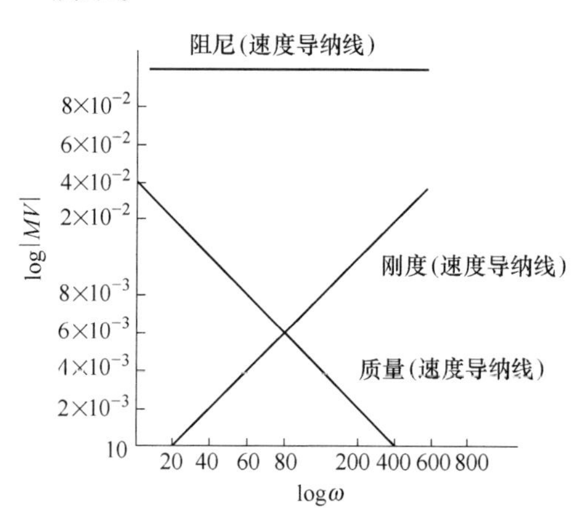

图 2-7 速度导纳幅频特性直线图

由 $MV[m] = \dfrac{1}{m\omega} = 0.4\dfrac{1}{\omega}$，$\omega = 10$、$MV[m] = 4 \times 10^{-2}$，得到 A 点，再由 -1 斜率可画出直线 AB。由 $MV[K] = \dfrac{\omega}{K} = \dfrac{\omega}{2 \times 10^4}$，$\omega = 100$、$MV[m] = 0.5 \times 10^{-2}\text{m/(N}\cdot\text{s)}$ 得到点 C，再由斜率为 +1，画 45° 线即得到弹簧速度导纳曲线。

由 $MV[C] = \dfrac{1}{c} = \dfrac{1}{11} = 0.0909\text{m/(N}\cdot\text{s)}$，得到水平线。

2.3.1.2 在双对数坐标系中的元件位移导纳特性及加速度导纳特性

弹簧元件的位移导纳特性：

$$MD[K] = \frac{1}{K} \tag{2-37}$$

为一水平直线。

黏性阻尼器的位移导纳特性：

$$MD[C] = \frac{1}{c\omega} \tag{2-38}$$

两边取对数，得

$$\log MD[C] = -\log\omega - \log c \tag{2-39}$$

为斜率为 -1 的直线。

质量元件的位移导纳特性：

$$MD[m] = \frac{1}{m\omega^2} \tag{2-40}$$

两边取对数，得

$$\log MD[m] = -2\log\omega = \log m \tag{2-41}$$

为斜率等于 -2 的直线。仍以上面例题的数据，画出元件的位移导纳特性，如图 2-8（a）所示。

诸元件的加速度导纳特性分别为：

（1）由 $MD[K] = \frac{\omega^2}{K}$、$\log MA[K] = 2\log\omega - \log K$，可知弹簧刚度加速度导纳特性，在双对数坐标中，是斜率等于 +2 的直线。

（2）由 $MA[C] = \frac{\omega}{c}$、$\log MA[C] = \log\omega - \log c$，可知黏性阻尼加速度导纳特性，在双对数坐标中，是斜率等于 +1 的直线。

（3）由 $MA[m] = \frac{1}{m}$、$\log MA[C] = -\log m$，可知质量的加速度导纳特性，在双对数坐标中，是一条水平直线。以上面例题的数据，画出的加速度导纳特性曲线，如图 2-8（b）所示。

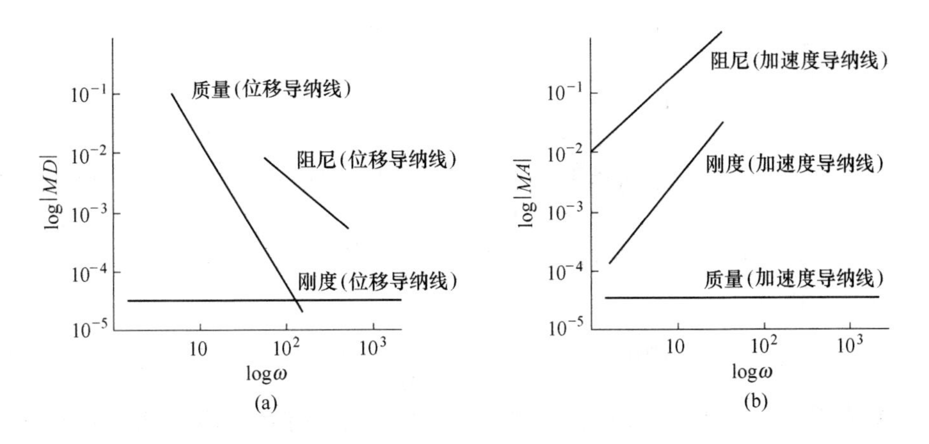

图 2-8 位移（a）和加速度（b）导纳特性示意图

根据上述结果，导纳测试的记录纸上常有专门的格式。采用双对数坐标，纵坐标是习惯上用分贝标度，横坐标用赫兹标度，并画有质量线和刚度线。

2.3.2 骨架线法（Skeleton）

这个方法是利用元件的导纳直线，近似地勾画单自由度系统的导纳曲线，是 Salter J P 在《稳态振动（Steady - State Vibration）》一书中提出来的，对集中参数和分布参数系统均可采用。这个方法建立了元件导纳直线与系统导纳曲线间的关系，在已知元件参数时，大致勾画出系统的导纳曲线，估计振动的规律。反之，也是更为重要的一面，可由测出的总导纳曲线，估计元件的参数，如质量、刚度和阻尼等。

2.3.2.1 位移导纳的骨架线

已知位移导纳函数为

$$MD(\omega) = \frac{1}{K - m\omega^2 + \mathrm{j}\omega c} \tag{2-42}$$

在远离共振区，阻尼对导纳响应的值影响甚小，可以不计。故设 $c=0$，将位移导纳写成如下两种形式：

$$MD(\omega) = \frac{1}{K - m\omega^2} = \frac{1}{K(1 - \omega^2 m/K)} = \frac{1}{K(1 - \lambda^2)} \tag{2-43}$$

$$MD(\omega) = \frac{1}{-m\omega^2\left(1 - \frac{K}{m\omega^2}\right)} = \frac{1}{-m\omega^2\left(1 - \frac{1}{\lambda^2}\right)} \tag{2-44}$$

由式（2-43）可见，在远离共振区的低频端内，当 $\lambda = \omega/\omega_n \to 0$ 时，（即 $\omega \ll \omega_n$），有

$$MD(\omega \to 0) = \frac{1}{K} = MD[K] \tag{2-45}$$

这表明，当激振频率低于固有频率 ω_n 时，受弹性约束系统的位移导纳的幅频特性，决定于约束弹簧的刚度，即系统的导纳曲线与弹簧的导纳直线为渐近线。当然，在低频段内系统的导纳和相频特性也与弹簧导纳相频特性接近：

$$\phi[\omega \to 0] = 0^\circ = \phi[K] \tag{2-46}$$

由式（2-44）可见，在远离共振区的高频段内，当 $\lambda = \omega/\omega_n \to \infty$ 时，（即 $\omega \gg \omega_n$），有

$$MD(\omega \to \infty) = \frac{1}{-\omega^2 m} = MD[m] \tag{2-47}$$

这表明，当激振频率超过固有频率 ω_n 很高时，受弹性约束系统的位移导纳的幅频特性，取决于系统的质量，即系统的导纳曲线以质量的导纳直线为渐近线。当然，高频段内系统导纳的相频特性也与质量的导纳相频特性接近，即

$$\phi[\omega \to \infty] = 180^\circ = \phi[m] \tag{2-48}$$

在共振区附近，$\lambda \approx 1$，必须考虑阻尼的影响

$$MD(\omega_n) = \frac{1}{K\sqrt{(1-\lambda^2)^2 + (2\xi\lambda)^2}} \approx \frac{1}{2K\xi} \tag{2-49}$$

取对数

$$\log MD(\omega) = \log\frac{1}{K} + \log\frac{1}{2\xi} \tag{2-50}$$

于是在对数坐标中，在 ω_n 处，取 $ab = 1/K$，取 $bc = 1/2\xi$，便得 $\omega = \omega_n$ 处的骨架。做 $1/K$ 水平线 db，过 b 做 be 斜率为 -2 的质量线，于是 $abcde$ 是并联约束系统的骨架，据此骨架线可近似勾画出导纳曲线（图 2-9）。

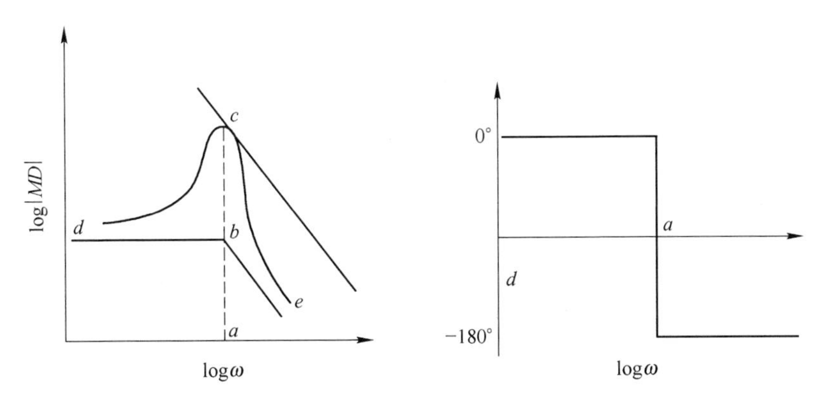

图 2-9　导纳曲线示意图

2.3.2.2　速度导纳骨架线

先画弹簧刚度的速度导纳 MV ［K］ 是斜率为 $+1$ 的直线 bd。再画质量的速度导纳 MV ［m］ 是斜率为 -1 的直线 be，二直线相较于 b 点，对应固有频率 ω_n 。这是因为在 b 点

$$MV[K] = \frac{\omega_b}{K} = MV[m] = \frac{1}{m\omega_b} \tag{2-51}$$

于是

$$\omega_b^2 = \frac{K}{m} = \omega_n^2 \tag{2-52}$$

过 b 点做垂线交阻尼器的速度导纳 MV ［C］ 的直线于 c 点，$dbcbe$ 是系统的导纳骨架线。由此可近似描绘系统的导纳曲线，可以证明呈近似对称的形式，如图 2-10 所示。

2.3.2.3　并联系统的阻抗/导纳图

单自由度并联系统的导纳和阻抗，如图 2-11 所示。

2.3.2.4　单自由度自由串联系统

图 2-12 所示为单自由度串联系统和与它对应的网络、电路图。先求激振点

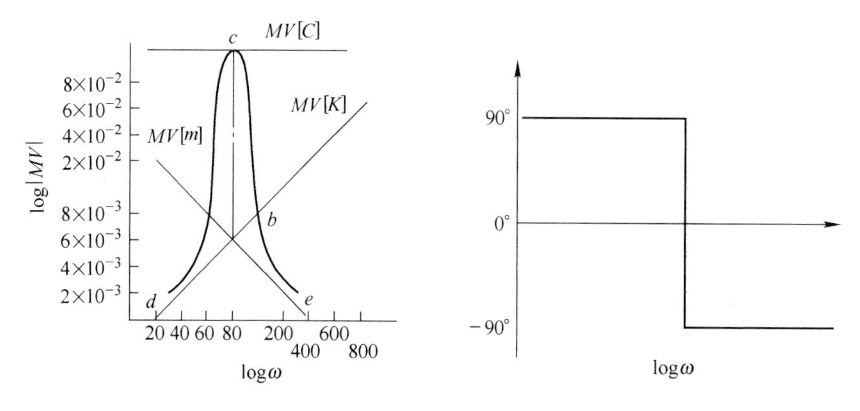

图 2-10　速度导纳骨架线示意图

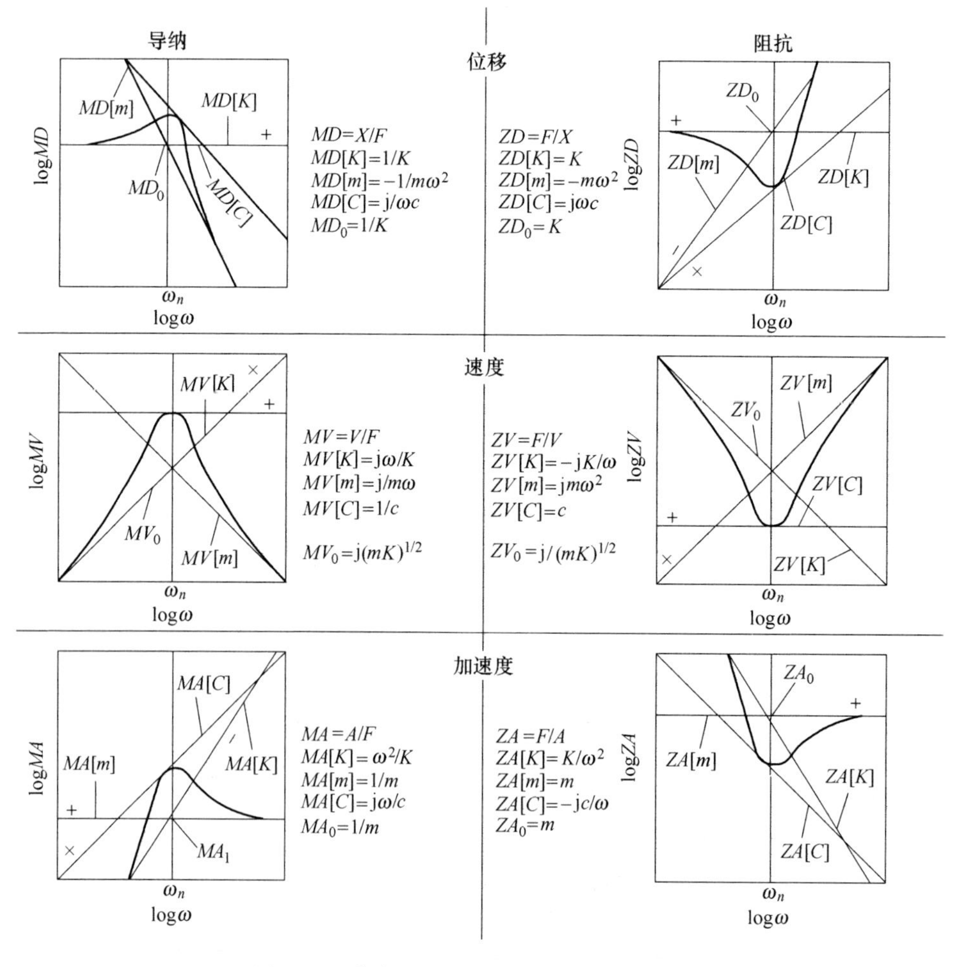

图 2-11　单自由度并联系统导纳、阻抗曲线

的位移导纳，由串联系统总导纳等于诸元件导纳之和，有

$$MD = MD[m] + MD[K] = -\frac{1}{m\omega^2} + \frac{1}{K}$$
$$= \frac{\omega^2 m - K}{K\omega^2 m} = \frac{\omega^2/\omega_n^2 - 1}{\omega^2 m} = \frac{\lambda^2 - 1}{\omega^2 m} \tag{2-53}$$
$$= \frac{\omega^2 m(1 - K/\omega^2 m)}{\omega^2 mK} = \frac{1 - 1/\lambda^2}{K}$$

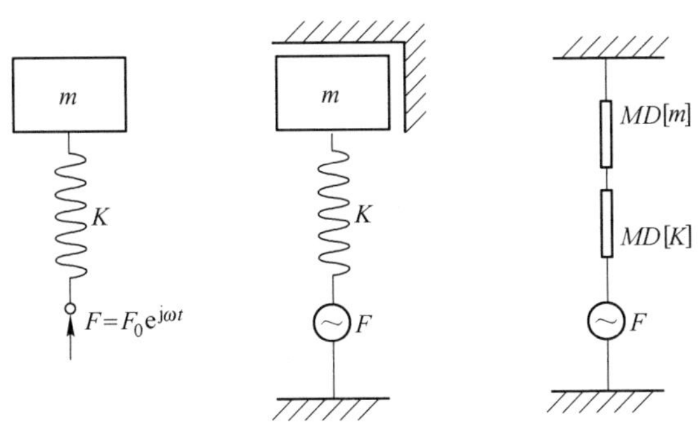

图 2-12 单自由度串联系统和与其对应的网络、电路图

确定总导纳曲线的骨架线。如 $\omega\to0$，则 $\lambda\to0$ 在低频段式（2-53）可化为

$$MD = -\frac{1}{\omega^2 m} = MD[m] \tag{2-54}$$

总导纳曲线以质量导纳直线为渐近线。在高频段，当 $\omega\to\infty$，$\lambda\to\infty$，由式(2-53)有

$$MD = \frac{1}{K} \tag{2-55}$$

总导纳曲线以弹簧的导纳直线为渐近线。当 $\omega=\omega_n$，即 $\lambda=1$ 时，由式（2-53），得 $MD=0$，称为反共振，反共振频率记为 ω_A。这时系统的导纳为最小，阻抗值为最大。这个系统的位移导纳和速度导纳的骨架线，分别由图 2-13（a）、图 2-13（b）所示。

有阻尼器的一个自由度串联系统

$$MV = MV[m] + MV[K] + MV[C]$$
$$= -\frac{\mathrm{j}}{m\omega} + \frac{\mathrm{j}\omega}{K} + \frac{1}{c} \tag{2-56}$$

$$|MV| = \sqrt{\left(\frac{1}{c}\right)^2 + \left(\frac{\omega}{K} - \frac{1}{m\omega}\right)^2} \tag{2-57}$$

当 $\omega=\omega_n$ 时，$|MV|=1/c$ 为最小值，为反共振点，系统的速度导纳的骨架线如图 2-14 所示。

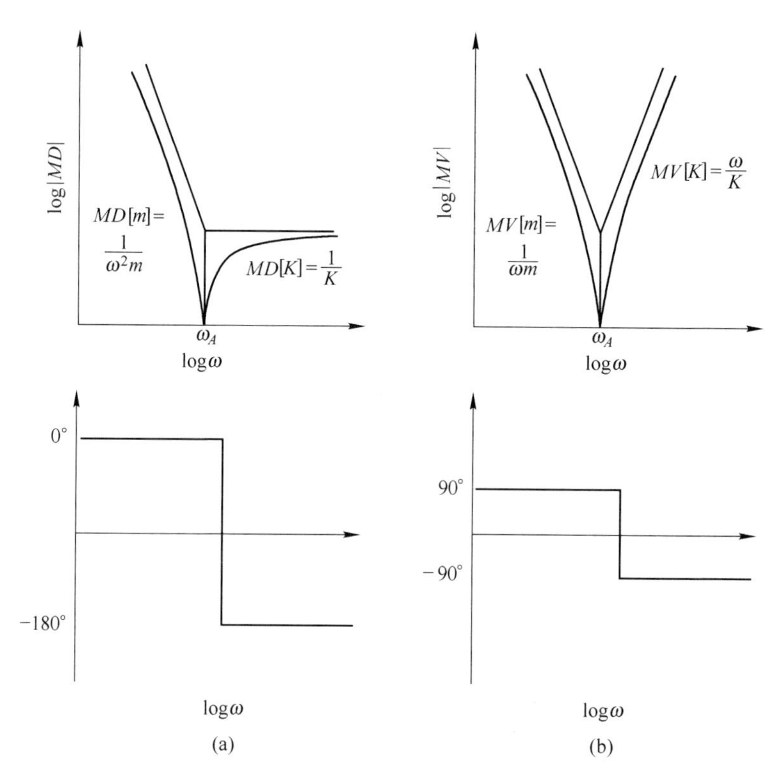

图 2-13　位移导纳示意图（a）和速度导纳的骨架线示意图（b）

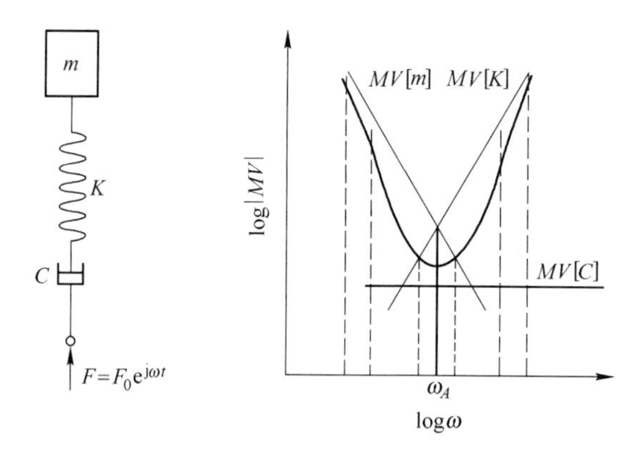

图 2-14　有阻尼器单自由度串联系统和速度导纳骨架线示意图

3 多自由度振动系统导纳分析

3.1 阻抗矩阵和导纳矩阵

3.1.1 阻抗矩阵和导纳矩阵

单自由度振动系统在简谐激励作用下的稳态响应特性，只有一个描述系统的动态特性的原点导纳函数。两个自由度以上的振动系统，激振点和测量点可以有许多个，即使把激振点固定在某一点，测量点也有多个。这时，不仅有原点导纳函数，还有跨点（或传递）导纳函数。系统的动态特性就需要许多这样的函数才能描述清楚。把这些函数组合起来就得到导纳矩阵或阻抗矩阵。

以接地约束两个自由度系统（图3-1）为例，建立阻抗矩阵或导纳矩阵。

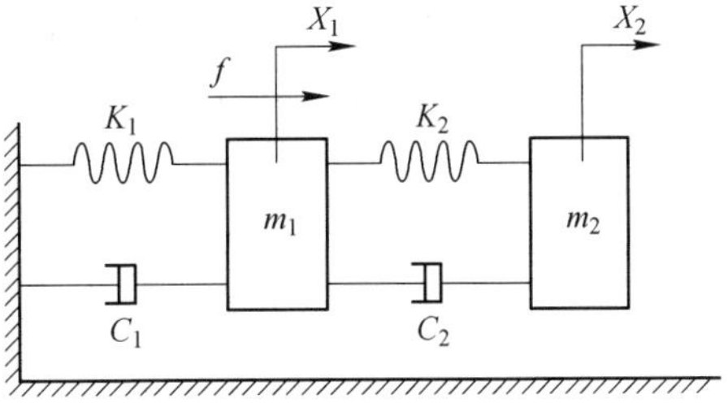

图 3-1　二自由度系统

设在 m_1 上作用有正弦激振力 $f = Fe^{j\omega t}$，运动微分方程式为：

$$\begin{cases} m_1\ddot{X}_1 = -K_1X_1 + K_2(X_2 - X_1) - C_1\dot{X}_1 + C_2(\dot{X}_2 - \dot{X}_1) + f \\ m_2\ddot{X}_2 = -K_2(X_2 - X_1) - C_2(\dot{X}_2 - \dot{X}_1) \end{cases} \tag{3-1}$$

写成矩阵形式，有

$$\begin{bmatrix} m_1 & 0 \\ 0 & m_2 \end{bmatrix}\begin{Bmatrix} \ddot{X}_1 \\ \ddot{X}_2 \end{Bmatrix} + \begin{bmatrix} C_1 + C_2 & -C_2 \\ -C_2 & C_2 \end{bmatrix}\begin{Bmatrix} \dot{X}_1 \\ \dot{X}_2 \end{Bmatrix} + \begin{bmatrix} K_1 + K_2 & -K_2 \\ -K_2 & K_2 \end{bmatrix}\begin{Bmatrix} X_1 \\ X_2 \end{Bmatrix} = \begin{Bmatrix} f \\ 0 \end{Bmatrix} \tag{3-2}$$

线性系统在简谐激振作用下，其稳态响应是频率相同的简谐运动，故有如下形式的解：

$$\{X\} = \begin{Bmatrix} X_1 \\ X_2 \end{Bmatrix} = \begin{Bmatrix} \phi_1 \\ \phi_2 \end{Bmatrix} e^{j(\omega t + \varphi)} \tag{3-3}$$

将式（3-3）代入式（3-2）中，合并后

$$\begin{bmatrix} K_1 + K_2 - m_1\omega^2 + j\omega(C_1 + C_2) & -K_2 - jC_2\omega \\ -K_2 - jC_2\omega & K_2 - m_2\omega^2 + jC_2\omega \end{bmatrix} \begin{Bmatrix} X_1 \\ X_2 \end{Bmatrix} = \begin{Bmatrix} f \\ 0 \end{Bmatrix} \tag{3-4}$$

写成

$$\begin{bmatrix} Z_{11}(\omega) & Z_{12}(\omega) \\ Z_{21}(\omega) & Z_{22}(\omega) \end{bmatrix} \begin{Bmatrix} X_1 \\ X_2 \end{Bmatrix} = \begin{Bmatrix} f \\ 0 \end{Bmatrix} \tag{3-5}$$

简写成

$$[Z(\omega)]\{X\} = \{f\} \tag{3-6}$$

式中，$[Z(\omega)]$ 为阻抗矩阵，$Z_{ij}(\omega)$ 为矩阵元素，一般是复数，则

$$\begin{cases} Z_{11}(\omega) = K_1 + K_2 - m_1\omega^2 + j\omega(C_1 + C_2) \\ Z_{12}(\omega) = -K_2 - jC_2\omega = Z_{21} \\ Z_{22}(\omega) = K_2 - m_2\omega^2 + jC_2\omega \end{cases} \tag{3-7}$$

对多自由度系统式（3-7）也成立。其中，$[Z(\omega)]$ 为位移阻抗矩阵，也称为动刚度矩阵。为了区别，位移阻抗矩阵记为 $[ZD(\omega)]$，是非奇异矩阵，有逆矩阵，于是位移响应量写成：

$$\begin{aligned} \{X\} &= [ZD(\omega)]^{-1}\{f\} \\ &= \frac{\mathrm{adj}[ZD(\omega)]}{\det[ZD(\omega)]}\{f\} \end{aligned} \tag{3-8}$$

$$\{X\} = [MD(\omega)]\{f\} \tag{3-9}$$

式中，$\mathrm{adj}[MD(\omega)]$、$\det[ZD(\omega)]$ 分别为位移阻抗矩阵的伴随矩阵和行列式；$[MD(\omega)] = [ZD(\omega)]^{-1}$ 称为位移导纳矩阵。导纳矩阵是阻抗矩阵的逆矩阵，位移导纳矩阵也叫动柔度矩阵。二阶矩阵的伴随矩阵及行列式很容易求得：

$$\mathrm{adj}[ZD(\omega)] = \begin{bmatrix} ZD_{22}(\omega) & -ZD_{21}(\omega) \\ -ZD_{12}(\omega) & ZD_{11}(\omega) \end{bmatrix} \tag{3-10}$$

$$\det[ZD(\omega)] = \begin{vmatrix} ZD_{11}(\omega) & ZD_{12}(\omega) \\ ZD_{21}(\omega) & ZD_{22}(\omega) \end{vmatrix} = ZD_{11}(\omega)ZD_{22}(\omega) - ZD_{12}^2(\omega) \tag{3-11}$$

位移导纳矩阵为：

$$\begin{aligned} MD(\omega) &= \frac{1}{ZD_{11}(\omega)ZD_{22}(\omega) - ZD_{12}^2(\omega)} \begin{bmatrix} ZD_{22}(\omega) & -Z_{21}D(\omega) \\ -ZD_{12}(\omega) & ZD_{11}(\omega) \end{bmatrix} \\ &= \begin{bmatrix} MD_{11}(\omega) & MD_{12}(\omega) \\ MD_{21}(\omega) & MD_{22}(\omega) \end{bmatrix} \end{aligned} \tag{3-12}$$

当质量 m_1 上有激振力 $f = Fe^{j\omega t}$ 时

$$
\begin{aligned}
X_1 &= MD_{11}(\omega)f = \frac{ZD_{22}(\omega)}{ZD_{11}(\omega)ZD_{22}(\omega) - ZD_{12}^2(\omega)}f \\
X_2 &= MD_{21}(\omega)f = \frac{-ZD_{12}(\omega)}{ZD_{11}(\omega)ZD_{22}(\omega) - ZD_{12}^2(\omega)}f
\end{aligned} \tag{3-13}
$$

引入复振幅记号，故

$$MD_{11}(\omega) = \frac{\tilde{X}_1}{\tilde{f}} = -\frac{\phi_1 e^{j(\omega t+\varphi)}}{Fe^{j\omega t}} = \frac{\phi_1 e^{j\varphi}}{F} \tag{3-14}$$

$$MD_{21}(\omega) = \frac{\tilde{X}_2}{\tilde{f}} = \frac{\phi_2 e^{j\omega}}{F} \tag{3-15}$$

式（3-14）表示 m_1 处的位移响应复振幅 $\tilde{X}_1$ 与 m_1 处激振力的复数振幅 $\tilde{f}$ 之比，$MD_{11}(\omega)$ 为1点的原点导纳。同理 $MD_{21}(\omega)$ 为 m_2 处的位移响应复振幅 $\tilde{X}_2$ 与 m_1 处作用的激振力的复数振幅 $\tilde{f}$ 之比，即跨点导纳，或称为由 m_1 点到 m_2 点的传递函数。

3.1.2 阻抗矩阵、导纳矩阵中元素的物理解释

阻抗矩阵 $[ZD(w)]$ 中的第 p 行第 l 列元素 $ZD_{pl}(\omega)$，设 $p < l$。如果采用 p 点激振，l 点测量。则激振力列向量可以写成

$$\{f\} = \{0, 0, f_p, \cdots, 0\}^{\mathrm{T}}$$

假设除 l 点外，系统各点均受到约束（使坐标保持不动），即 $x_i = 0(i \neq l)$，于是系统的位移列向量为

$$\{X\} = \{0, 0, 0, \cdots, x_l, 0, \cdots, 0\}^{\mathrm{T}}$$

式（3-6）可以写成

$$
\begin{matrix} \\ \\ p \\ l \\ \\ \end{matrix}
\begin{bmatrix} p & \cdots & l \\ \vdots & & ZD_{pl} \\ \vdots & & \vdots \\ \vdots & & \vdots \\ \vdots & & \vdots \end{bmatrix}
\begin{Bmatrix} 0 \\ 0 \\ \vdots \\ \vdots \\ x_l \\ \vdots \\ \vdots \\ 0 \end{Bmatrix}
=
\begin{Bmatrix} 0 \\ f_p \\ \vdots \\ \vdots \\ 0 \\ \vdots \\ \vdots \\ 0 \end{Bmatrix} \tag{3-16}
$$

展开可得

$$ZD_{pl}(\omega) = \frac{\tilde{f}_p}{\tilde{X}_l} \tag{3-17}$$

于是，$ZD_{pl}(\omega)$ 可以解释为：在 p 点单点激振，在 l 点测量，且当系统其余各点都约束不动时，得到的阻抗值，称为约束阻抗。测量阻抗矩阵中的元素，除简单系统外是相当困难的，相反利用导纳矩阵则可克服这一困难。

导纳矩阵 $[MD(\omega)]$ 中，第 l 行第 p 列元素 $MD_{lp}(\omega)$，在 p 点单点激振，在 l 点测量，各点不受约束。式（3-9）可以写成

$$\begin{Bmatrix} X_1 \\ X_2 \\ \vdots \\ X_l \\ \vdots \\ X_n \end{Bmatrix} = \begin{bmatrix} p & l \\ \vdots & \vdots \\ MD_{lp} & \vdots \\ \vdots & \vdots \\ \vdots & \vdots \end{bmatrix} \begin{Bmatrix} 0 \\ 0 \\ f_p \\ \vdots \\ \vdots \\ \vdots \\ 0 \end{Bmatrix} \tag{3-18}$$

展开得

$$MD_{lp}(\omega) = \frac{\tilde{X}_l}{\tilde{f}_p} \tag{3-19}$$

$MD_{lp}(\omega)$ 是在 p 点单点激振，在 l 点测量时的传递导纳。测量 $MD_{lp}(\omega)$ 元素时，不需要对系统除 l 点外的其余坐标加以约束，是容易实现的。这是在振动测试中，测量导纳值而不测量阻抗值的道理。

3.1.3 跨点导纳(阻抗)的互易定理

在实际振动系统中，质量矩阵 $[M]$、阻尼矩阵 $[C]$、刚度矩阵 $[K]$ 均为对称矩阵。所以

$$\begin{aligned} MD_{ij}(\omega) &= MD_{ji}(\omega) \qquad i \neq j \\ ZD_{ij}(\omega) &= ZD_{ji}(\omega) \qquad i \neq j \end{aligned} \tag{3-20}$$

导纳（阻抗）矩阵也是对称矩阵，表示在 j 点激振 i 点测量，和在 i 点激振 j 点测得的导纳（阻抗）函数相等。互易定理在材料力学、结构力学和弹性力学中都成立，指的是静力变形的互易关系。式（3-20）则是动力响应的互易关系，振动理论中称之为动力响应的互等定理。

在导纳测试中，利用互易定理，可以检验测试系统的可靠性和测试结果的精确度。

3.2 接地约束系统的原点、跨点导纳特性

导纳矩阵中的对角线元素，均为原点导纳函数。以两个自由度接地约束系统为例。由式（3-14），有

$$MD_{11}(\omega)=\frac{\widetilde{X}_1}{\widetilde{f}}=\frac{K_2-m_2\omega^2+jC_2\omega}{\det[ZD(\omega)]} \tag{3-21}$$

$$\det[ZD(\omega)]=[(K_1+K_2)-m_1\omega^2+j\omega(C_1+C_2)](K_2-m_2\omega^2+jC_2\omega)-(K_2+jC_2\omega)^2 \tag{3-22}$$

忽略阻尼值，令 $C_1=C_2=0$，于是

$$MD_{11}(\omega)=\frac{K_2-m_2\omega^2}{[(K_1+K_2)-m_1\omega^2](K_2-m_2\omega^2)-K_2^2} \tag{3-23}$$

3.2.1 共振频率及反共振频率

式（3-23）的分母为 ω^2 的二次多项式，可以写成因式分解的形式。每个因式即为 $\det[ZD(\omega)]=0$ 特征方程式的根。

由

$$[(K_1+K_2)-m_1\omega^2](K_2-m_2\omega^2)-K_2^2=0 \tag{3-24}$$

展开可得

$$\omega^4-\left(\frac{K_1}{m_1}+\frac{K_2}{m_2}+\frac{K_2}{m_1}\right)\omega^2+\frac{K_1K_2}{m_1m_2}=0 \tag{3-25}$$

解得

$$\left.\begin{matrix}\omega_{n_1}^2\\ \omega_{n_2}^2\end{matrix}\right\}=\frac{1}{2}\left[\left(\frac{K_2}{m_2}+\frac{K_1+K_2}{m_1}\right)\pm\sqrt{\left(\frac{K_2}{m_2}+\frac{K_1+K_2}{m_1}\right)^2-4\frac{K_1K_2}{m_1m_2}}\right] \tag{3-26}$$

式（3-26）是系统的固有频率。式（3-23）的分母可写成分解因式

$$m_1m_2(\omega^2-\omega_{n_1}^2)(\omega^2-\omega_{n_2}^2) \tag{3-27}$$

令

$$\omega_A=\sqrt{K_2/m_2} \tag{3-28}$$

式（3-23）的分子可以写成因式分解式

$$m_2(\omega_A^2-\omega^2) \tag{3-29}$$

于是

$$MD_{11}(\omega)=\frac{m_2(\omega_A^2-\omega^2)}{m_1m_2(\omega^2-\omega_{n1}^2)(\omega^2-\omega_{n2}^2)} \tag{3-30}$$

当激振频率 ω 由小到大经过 ω_{n1}、ω_A、ω_{n2}时，会出现共振反共振现象。如果 $\omega^2\to\omega_{n1}^2$，$\omega^2\to\omega_{n2}^2$时，导纳趋于无穷

$$MD_{11}(\omega_{n1},\omega_{n2})\to\infty \tag{3-31}$$

称为共振现象，对应的频率即共振频率。

当 $\omega^2=\omega_A^2$ 时，导纳等于零，即 $MD_{11}(\omega_A)=0$，阻抗等于无限大，称为反共振现象，ω_A 称为反共振频率。

动力消振器就是利用反共振现象原理。当工作频率 $\omega=\omega_A$ 时，$ZD_{11}(\omega_1)\to\infty$，质量块 m_1 的阻抗为无穷大，m_1 静止不动（$X_1=0$）。这时，$\omega_A=\sqrt{K_2/m_2}$ 是子系统 K_2、m_2 的固有频率，所以质量块 m_2 振动的很强烈。在多自由度系统中，原点反共振现象表现为局部振动很强烈。工程中常利用反共振现象达到减振、隔振或降低噪音等目的。

3.2.2 共振、反共振频率出现的次序

反共振频率出现的次序是有规律性的，和共振频率交替出现。对接地约束系统是先出现共振频率，然后出现反共振频率。对于自由—自由系统则先出现反共振频率，然后出现共振频率，以后交替出现。下面仍以两个自由接地约束系统为例，用几何法证明这一关系，即

$$\omega_{n1}<\omega_A<\omega_{n2}$$

取一水平频率轴 $o\omega$，在轴上取 $on_1=\omega_{n_1}^2$，$on_2=\omega_{n_2}^2$。以 n_1n_2 为直径画圆，圆心在 o_1，如图 3-2 所示。在 $o\omega$ 轴上方作一水平线，令与 $o\omega$ 轴的距离等于 $K_2/\sqrt{m_1m_2}$，交圆周于 B_1、B_2 点。由 B_1 和 B_2 向 $o\omega$ 作垂线，垂足为 A_1、A_2，则 $oA_1=\omega_A^2$。

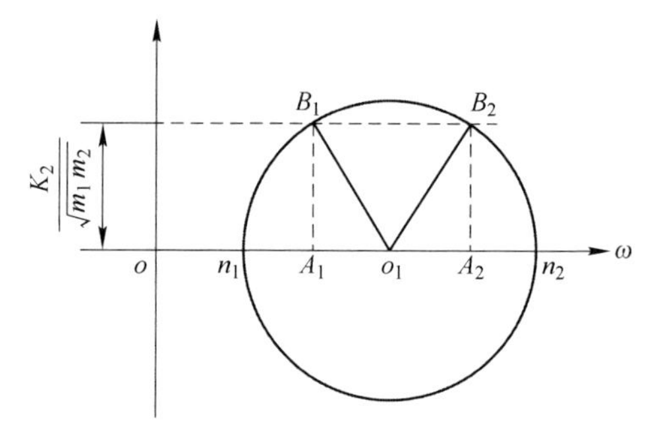

图 3-2 导纳圆

由于：

$$oo_1=\frac{1}{2}(on_1+on_2)=\frac{1}{2}(\omega_{n1}^2+\omega_{n2}^2)$$

$$=\frac{1}{2}\left(\frac{K_2}{m_2}+\frac{K_1+K_2}{m_1}\right)$$

$$o_1n_2=on_2-oo_1=\frac{1}{2}\sqrt{\left(\frac{K_2}{m_2}+\frac{K_1+K_2}{m_1}\right)^2-4\frac{K_1K_2}{m_1m_2}}$$

$$oA_1=oo_1-o_1A_1=oo_1-\sqrt{\overrightarrow{o_1B_1}^2-\overrightarrow{A_1B_1}^2}$$

$$=\frac{1}{2}\left(\frac{K_2}{m_2}+\frac{K_1+K_2}{m_1}\right)-\frac{1}{2}\sqrt{\left(\frac{K_2}{m_2}+\frac{K_1+K_2}{m_1}\right)^2-4\frac{K_1K_2}{m_1m_2}-4\frac{K_2^2}{m_1m_2}}$$

$$=\frac{K_2}{m_2}=\omega_A^2$$

故 $on_1<oA_1<on_2$，即 $\omega_{n1}<\omega_A<\omega_{n2}$，证毕。

图中 $oA_2=\omega_{A_2}^2=\dfrac{K_1+K_2}{m_1}$，把激振力从质量块 m_1 移到质量块 m_2 上，系统的

反共振频率，它也是介于两个固有频率之间，读者可自证之。

3.2.3 接地约束系统原点导纳特征的骨架线

已经求得原点导纳函数 $MD_{ii}(\omega)$，取频率为水平轴，画出幅频及相频特性曲线，采用双对数坐标画出的幅频特性曲线叫伯德图（Bode Diagram）。在双对数坐标系中，质量、刚度、阻尼等元件的导纳图形均为直线，还可以用它们表示幅频、相频特性曲线的渐近线，这些渐近线构成了幅频特性曲线的骨架线。从骨架线，能够看出导纳幅频特性变化的趋势，也可以检测结果是否正确，对简单的系统还可以利用骨架线估算系统的参数。仍以两个自由度接地约束系统为例。

先推导骨架线方程式，由式（3-30）出发，自分母中提出 ω_{n1}^2，ω_{n2}^2，分子中提出 ω_A^2，再根据 $\omega_A = \sqrt{K_2/m_2}$ 及二次方程根的韦达定理

$$\omega_{n1}^2 \cdot \omega_{n2}^2 = K_1 K_2 / m_1 m_2 \tag{3-32}$$

于是

$$MD_{11}(\omega) = \frac{\omega_A^2(1-\omega^2/\omega_A^2)}{m_1\omega_{n1}^2 \cdot \omega_{n2}^2(1-\omega^2/\omega_{n1}^2)(1-\omega^2/\omega_{n2}^2)} \tag{3-33}$$

$$MD_{11}(\omega) = \frac{1}{K_1}\frac{1-\omega^2/\omega_A^2}{(1-\omega^2/\omega_{n1}^2)(1-\omega^2/\omega_{n2}^2)} \tag{3-34}$$

由式（3-30），分子分母各除以 ω^4 后，有：

$$MD_{11}(\omega) = \frac{1-\omega_A^2/\omega^2}{-m_1\omega^2(1-\omega_{n1}^2/\omega^2)(1-\omega_{n2}^2/\omega^2)} \tag{3-35}$$

当激振频率 ω 值很低时，$\omega \ll \omega_{n1}$，且 $\omega \to 0$，由式(3-34)，得该低频段骨架线：

$$MD_{11}(\omega \to 0) = \frac{1}{K_1} = MD[K_1] \tag{3-36}$$

这表明，在低频段，系统导纳的幅频曲线以弹簧 K_1 的位移导纳直线为渐近线。同理，系统的相频特性曲线也以弹簧的相频特性为渐近线，零相位直线。即当激振频率 ω 很低时，两个质量块 m_1、m_2 基本上一起作同相振动，惯性力很小，由弹簧 K_1 的弹性力与外界激振力平衡。

当激振频率 ω 的值很高时，$\omega \gg \omega_{n2}$，$\omega \to 0$，由式（3-35），得高频骨架线：

$$MD_{11}(\omega \to \infty) = -\frac{1}{m_1\omega^2} = MD[m_1] \tag{3-37}$$

在高频段激振时，系统的导纳特性是以质量块 m_1 的导纳为主。所以，系统的导纳以 m_1 的导纳直线为渐近线。同理，系统的相频特性也是以质量 m_1 的相频直线 $-180°$ 为渐近线。当很高频率在 m_1 上激振时，质量块 m_2 的惯性力相对很

小，弹簧 K_1 、K_2 的弹性力相对也不大，但质量块 m_1 的惯性力相对很大。质量块 m_1 的惯性力与外界激振力平衡。

在中间频段激振时，即 $\omega_{n1} < \omega_A < \omega_{n2}$ 。由振动理论知，在每一固有频率附近，振幅出现一个峰值，表现为一个主振动。在这个共振区域附近，可以利用一个单自由度系统与此系统等效。由第 2 章已知一个单自由度系统的骨架线是由刚度导纳和质量导纳线组成。所以，多自由度系统的原点导纳骨架线，也可以由许多刚度导纳线和质量导纳线所组成。下面求等效刚度和等效质量并画它们的导纳线。

在第一固有频率 ω_{n1} 附近，已经有了系统近似的等效刚度 K_1 ，可以求出等效单自由度系统的等效质量 $m_{e1} = K_1/\omega_{n1}^2$ ，它的位移导纳函数

$$MD[m_{e1}] = \frac{1}{\omega^2 m_{e1}} \tag{3-38}$$

是斜率为 -2 的直线。它在 ω_{n1} 处取值为 $1/K_1$。

在第二固有频率 ω_{n2} 附近，系统近似的等效质量 $m_1 = m_{e2}$ ，可以求出第二个等效单自由度系统的等效刚度 $K_{e2} = m_1\omega_{n2}^2$ 。

根据上面求得的数据，下面介绍骨架线的作图法。

设已知 m_1、m_2、K_1、K_2 便可计算出 ω_{n1}、ω_{n2}、ω_A。取对数坐标轴，水平轴为频率 ω，纵坐标为导纳的幅值的对数和相位角值。做低频位移导纳渐近线 QR_1 ，导纳值 $OQ = MD[K_1] = 1/K_1$ ，交第一固有频率 ω_{n1} 处画出的垂线 R_1。自 R_1 点做斜率为 -2 的表示第一等效质量 m_{e_1} 的导纳线 R_1A ，交由反共振频率 ω_A 引出的垂线于 A 点，过 A 做水平线交由 ω_{n2} 引出的垂线与 R_2 ，过 R_2 做斜率为 -2 的第二等效质量 m_{e2} 的导纳线 R_2B 。则 QR_1AR_2B 即是所求的骨架线。可以近似勾画出位移导纳的幅频及相频特性曲线，如图 3-3 所示。下面证明 AR_2 直线，就是第二等效刚度 K_{e2} 的导纳直线。

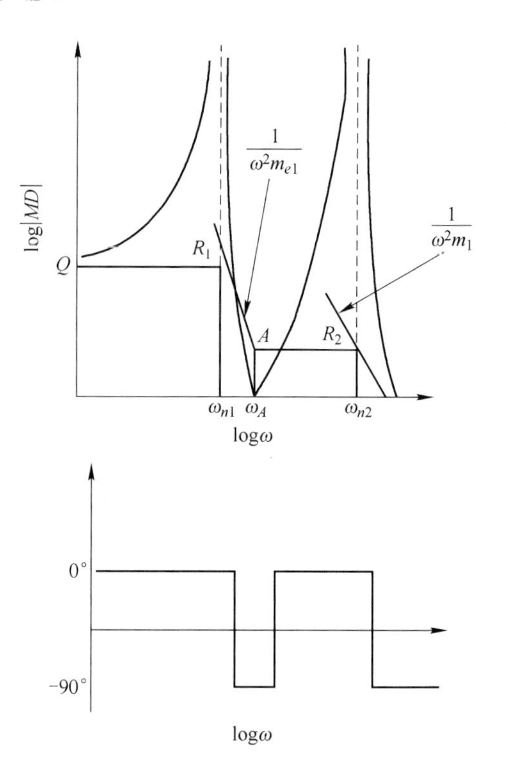

图 3-3 位移导纳的幅频及相频特性曲线示意图

由第一等效质量 m_{e1} ，在 A 点的导纳值为：

$$MD(A) = \frac{1}{\omega_A^2 m_{e1}} = \frac{1}{\dfrac{K_2}{m_2}\dfrac{K_1}{\omega_{n1}}} = \frac{m_2}{K_1 K_2}\omega_{n1}^2 \tag{3-39}$$

由第二等效质量 m_{e2} 在 R_2 点的导纳值为：

$$MD(R_2) = \frac{1}{\omega_{n2}^2 m_1} = \frac{1}{K_{e2}} \tag{3-40}$$

将 ω_{n2}^2 代入，经过分母有理化，得

$$MD(R_2) = \frac{m_2}{K_1 K_2}\omega_{n1}^2 = MD(A) \tag{3-41}$$

AR_2 与水平轴平行，这表明在第二固有频率 ω_{n2} 处，与质量 $m_{e2} = m_1$ 所组成等效单个自由度系统的等效刚度 K_{e2} 的导纳直线。

3.2.4 速度导纳的骨架线

在双对数坐标系中，刚度导纳是斜率等于 +1 的直线，质量导纳是斜率等于 -1 的直线。对图 3-1 描述的系统，可按同样方法画出速度导纳骨架线。在低频段先画 K_1 刚度的速度导纳直线 QR_1，交由 ω_{n1} 引出自垂线于 R_1。过 R_1 画第一等效质量 m_{e1} 的速度导纳直线 R_1A，交由 ω_A 引出的垂线于 A 点。过 A 点画第二等效刚度 K_{e2} 的速度导纳直线 AR_2，交从 ω_{n2} 引出的垂线于 R_2。过 R_2 画第二等效质量 $m_{e2} = m_1$ 的速度导纳直线 R_2B。则 QR_1AR_2B 是所求的骨架线。可以勾画出速度导纳的幅频曲线，如图 3-4 所示。

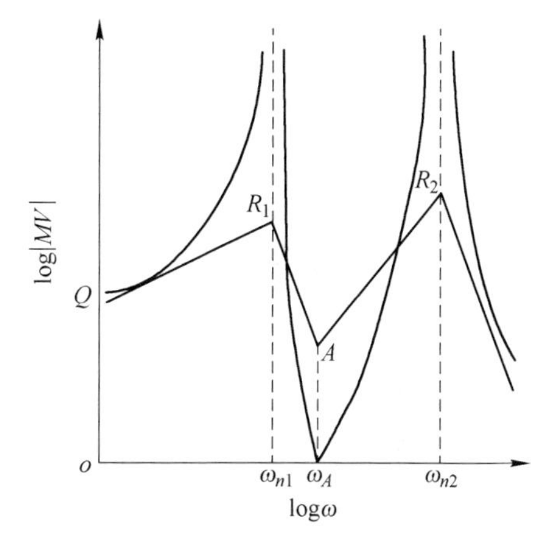

图 3-4 速度导纳的幅频曲线示意图

3.2.5 跨点导纳特性及其骨架线

由式（3-15）

$$MD_{21}(\omega) = \frac{\tilde{X}_2}{\tilde{f}} = \frac{K_2 + jC_2\omega}{\det[ZD(\omega)]} \tag{3-42}$$

忽略阻尼，令 $C_1 = C_2 = 0$，并将分母写成因式分解形式

$$MD_{21}(\omega) = \frac{K_2}{m_1 m_2(\omega^2 - \omega_{n1}^2)(\omega^2 - \omega_{n2}^2)} \tag{3-43}$$

当激振频率 ω 由低到高变化时，由式（3-43）可以看出，在固有频率附近会

出现峰值，跨点导纳测试也能反映出系统的固有频率。反共振现象没有一定规律，在两个自由度系统的跨点导纳中没有反共振。为区别起见，前面的称为原点反共振，这里称为跨点反共振。下面推导骨架线。将式（3-43）写成如下两种形式：

$$MD_{21}(\omega) = \frac{K}{m_1 m_2 \omega_{n1}^2 \cdot \omega_{n2}^2 (1 - \omega^2/\omega_{n1}^2)(1 - \omega^2/\omega_{n2}^2)} \tag{3-44}$$

由二次方程根和系数关系式

$$\omega_{n1}^2 \cdot \omega_{n2}^2 = \frac{K_1 K_2}{m_1 m_2} \tag{3-45}$$

$$MD_{21} = \frac{1}{K_1 (1 - \omega^2/\omega_{n1}^2)(1 - \omega^2/\omega_{n2}^2)} \tag{3-46}$$

$$MD_{21} = \frac{K_2}{m_1 m_2 \omega^4 (1 - \omega_{n1}^2/\omega^2)(1 - \omega_{n2}^2/\omega^2)} \tag{3-47}$$

在低频段，当 $\omega \to 0$ 时，由式（3-46），得

$$MD_{21}(\omega \to 0) = \frac{1}{K_1} = MD[K_1] \tag{3-48}$$

当激振频率很低时，系统的位移导纳曲线以弹簧 K_1 的导纳为渐近线。在第一固有频率 ω_{n1} 附近，由 K_1 、ω_{n1} 求得第一等效质量

$$m_{e_1} = \frac{K_1}{\omega_{n1}^2} \tag{3-49}$$

在高频段，当 $\omega \to \infty$ 时，由式（3-47），得

$$MD_{21}(\omega \to \infty) = \frac{K_2}{m_1 m_2 \omega^4} = \frac{\omega_A^2/\omega^2}{m_1 \omega^2} \tag{3-50}$$

是斜率等于 −4 的等效质量线。下面画出骨架线。先画出 QR_1 低频导线渐近线，由 R_2 画 R_1R_2 第一等效质量 m_{e1}的导纳线，斜率等于（−2）。过 R_2 画高频等效质量导纳线 R_2B ，斜率等于 −4，QR_1R_2B 即为所求的骨架线。据骨架线描绘出的幅频、相频特性曲线，如图 3-5 所示。下面证明第一等效质量的导纳线，和高频等效质量导纳线在 R_2 处相交，第一等效质量导纳在 R_2 处的值：

$$MD_{21}(R_2) = \frac{1}{m_{e1}\omega_{n2}^2} = \frac{\omega_{n1}^2}{K_1 \omega_{n2}^2} \tag{3-51}$$

高频等效质量导纳在 R_2 处的值：由 $\omega_{n1}^2 \omega_{n2}^2 = K_1 K_2 / m_1 m_2$ ，得

$$MD_{21}(R'_2) = \frac{K_2}{m_1 m_2 \omega_{n2}^4} = \frac{K_2}{m_1 m_2 \omega_{n2}^2 \dfrac{\omega_{n1}^2}{\omega_{n1}^2}} = \frac{\omega_{n1}^2}{K_1 \omega_{n2}^2} \tag{3-52}$$

二者相等，R_2 和 R_2' 重合即 R_1R_2 为一条直线。

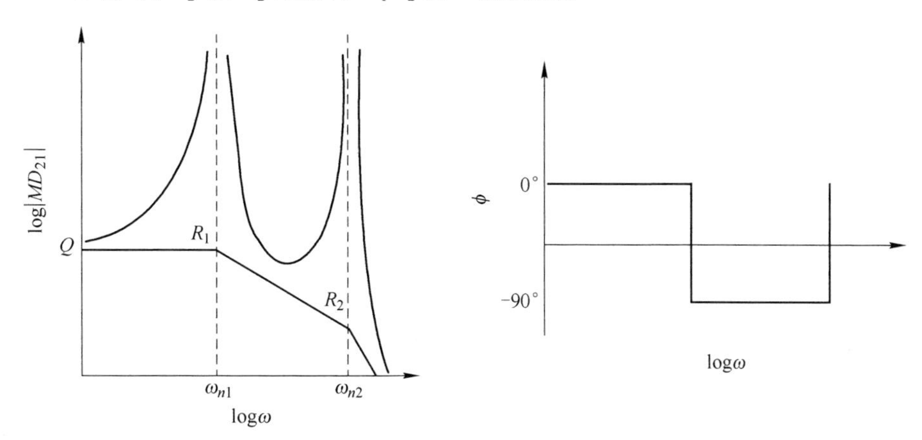

图 3-5 幅频、相频特性曲线

利用原点跨点导纳求振型。式(3-14)和式(3-15)，当 $C_1=C_2=0$ 时：

$$\frac{X_2}{X_1}=\frac{MD_{21}}{MD_{11}}=\frac{K_2}{K_2-m_2\omega^2}=\rho \tag{3-53}$$

当 $\omega=\omega_{n1}$ 时，得第一振型

$$\rho_1=\frac{X_2}{X_1}=\frac{K_2}{K_2-m_2\omega_{n1}^2} \tag{3-54}$$

当 $\omega=\omega_{n2}$ 时，得第二振型

$$\rho_2=\frac{X_2}{X_1}=\frac{K_2}{K_2-m_2\omega_{n2}^2} \tag{3-55}$$

令 $X_1=1$，则振型矩阵为

$$[\phi]=\begin{bmatrix}1 & 1\\ \rho_1 & \rho_2\end{bmatrix}$$

实际上每阶振型中的原点导纳 MD_{11} 是相同的，根据振型是相对量之比，所以确定振型时，取决于跨点导纳函数。

3.3 自由—自由系统的导纳特性

实际振动测量中对试件常采用固定或悬吊方式：一种是用螺钉或虎钳固定在质量很大的基础上，称为接地约束系统；另一种是用柔软弹簧吊起来模拟自由—自由状态。两种方式得到的导纳曲线在形式上有所不同。以两个自由度无阻尼系统为例（图 3-6）。

3.3.1 原点导纳特性

忽略阻尼，没有弹簧 K_1 约束时，相当于式(3-23)中令 $K_1=0$，如图 3-6 所示

的系统。原点导纳函数变为：

$$MD_{11}(\omega) = \frac{K_2 - m_2\omega^2}{(K_2 - m_1\omega^2)(K_2 - m_2\omega^2) - K_2^2} \tag{3-56}$$

展开分母，提出因式，

$$m_c = \frac{m_1 m_2}{m_1 + m_2} \tag{3-57}$$

则
$$MD_{11}(\omega) = \frac{K_2 - m_2\omega^2}{\omega^2(m_1 + m_2)\left(K_2 - \omega^2 \dfrac{m_1 m_2}{m_1 + m_2}\right)}$$

$$= \frac{K_2 - m_2\omega^2}{\omega^2(m_1 + m_2)(K_2 - \omega^2 m_c)} \tag{3-58}$$

当激振频率 ω 从小变大，如 $\omega^2 = \omega_n^2 = K_2/m_c$ 时，分母为零，导纳趋于无穷大，称 ω_n 为共振频率。由于取消了约束弹簧 K_1，一个振动自由度变为刚体运动自由度，只有一个共振频率。当频率 $\omega^2 = \omega_A^2 = K_2/m_2$ 时，$MD_{11}(\omega_A) = 0$，出现反共振。第一个固有振动由刚体运动所代替，所以，反共振频率在先，共振频率在后地互相交替出现。可以证明 $\omega_A < \omega_{n0}$：

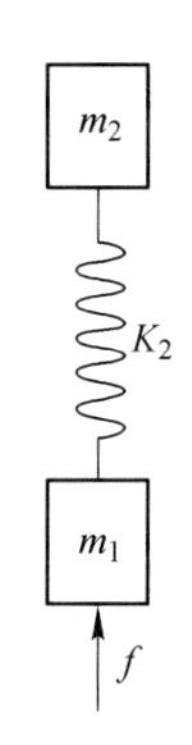

图 3-6　二自由度系统示意图

$$\omega_n = \sqrt{\frac{K_2}{m_c}} = \sqrt{\frac{K_2}{\dfrac{m_1 m_2}{m_1 + m_2}}}$$

$$= \sqrt{\frac{K_2}{m_2} + \frac{K_2}{m_1}} > \sqrt{\frac{K_2}{m_2}} = \omega_A \tag{3-59}$$

3.3.2 骨架线

从式（3-58）出发，据 $\omega_A^2 = K_2/m_2$ 及 $\omega_n^2 = K_2/m_c$，有

$$MD_{11}(\omega) = \frac{K_2(1 - \omega^2/\omega_A^2)}{\omega^2 K_2(m_1 + m_2)(1 - \omega^2/\omega_n^2)} \tag{3-60a}$$

$$MD_{11}(\omega) = \frac{\omega^2 - \omega_A^2}{\omega^2 m_1(\omega^2 - \omega_n^2)} \tag{3-60b}$$

在低频段，$\omega \to 0$，由式（3-60a）得

$$MD_{11}(\omega \to 0) = \frac{1}{\omega^2(m_1 + m_2)} = MD(m_1 + m_2) \tag{3-61}$$

系统的导纳曲线以等效质量 $m_{e0} = m_1 + m_2$ 的位移导纳直线为渐近线。当激振

频率 ω 很低时，两质量块连同一起振动，它们的合惯性力与外力平衡。

在高频段，$\omega \to \infty$ ，由式（3-60b）得

$$MD_{11}(\omega \to \infty) = \frac{1}{\omega^2 m_1} = MD(m_1) \tag{3-62}$$

系统的导纳曲线以质量块 m_1 的位移导纳直线为渐近线，第一等效质量 $m_{e_1} = m_1$ 。这时，m_2 近似不动，m_1 的惯性力与外力平衡。

取双对数坐标轴，画低频段等效质量 $m_{e_0} = m_1 + m_2$ 的位移导纳线 QA 交自 ω_A 引出的垂线于 A 点。由 A 画水平线 AR_1 ，交从 ω_n 引出的垂线于 R_1 点，由 R_1 画高频段等效质量 $m_{e_1} = m_1$ 的位移导纳线 R_1B ，QAR_1 是所求的骨架线。画出系统的导纳图，如图 3-7 所示。证明 AR_1 是第一等效刚度线。一个单自由度的弹簧质量系统与多自由度系统共振峰值附近可以等效。由 R_1 处的 ω_n 及 $m_{e_1} = m_1$ 的值，可以求得第一等效刚度

$$K_{e_1} = \omega_n^2 \cdot m_1 = \omega_A^2(m_1 + m_2) \tag{3-63}$$

在 A 点的等效质量 $m_{e_0} = m_1 + m_2$ 的导纳，为

$$\frac{1}{\omega_A^2(m_1 + m_2)} = \frac{1}{K_{e_1}} \tag{3-64}$$

等于第一等效刚度导纳值，AR_1 是水平直线。

自由—自由系统的速度导纳的骨架线具有更规则的形式，如图 3-8 所示。

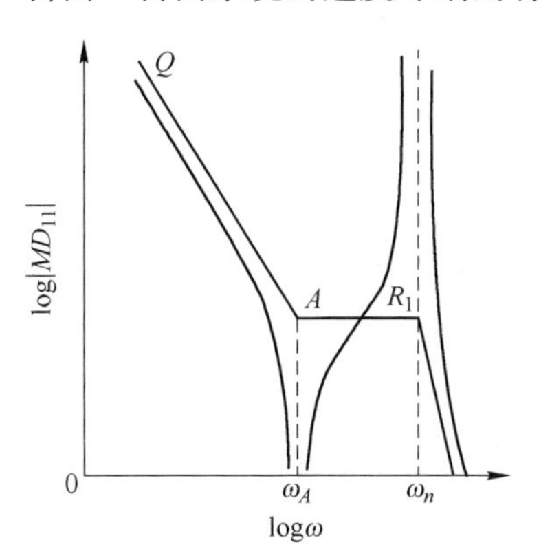

图 3-7 二自由系统的导纳图

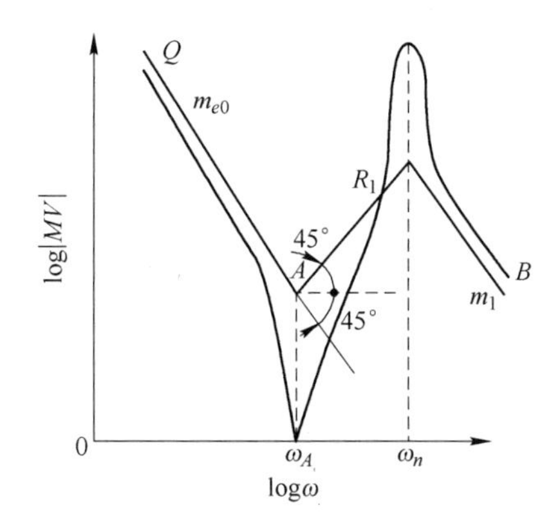

图 3-8 速度导纳的骨架线

3.3.3 骨架线的用途

3.3.3.1 参数识别

上面介绍了由已知系统的参数，计算出导纳函数，并研究了导纳函数的特性及其骨架线的画法。下面提出一个反问题，由已测得的导纳曲线是否能估计出此振动系统的参数。对简单系统来说利用骨架线法是可以做到的。

有了导纳曲线，就能画出三条骨架线，从图上可以测得等价参数 m_{e_0}、K_{e_1}、m_{e_1} 的三个数值，根据关系式：

$$\begin{cases} m_{e_0} = m_1 + m_2 \\ K_{e_1} = \omega_A^2(m_1 + m_2) = K_2\left(1 + \dfrac{m_1}{m_2}\right) \\ m_{e_1} = m_1 \end{cases} \tag{3-65}$$

求解次线性代数方程组，可以解出 m_1、m_2、K_2，得到系统三个参数，这就是最简单的参数识别问题。

3.3.3.2　估计当系统参数变化时对系统振动特性的影响

仍以两个自由度自由—自由系统为例。系统由 m_1、m_2 及 K_2 组成，系统速度导纳的骨架线的结构形式已定。图 3-9（a）表示弹簧 K_2 的刚度变大时，反共振频率 ω_A 和共振频率 ω_n 的变化情况。图 3-9（b）表示，当 m_1、K_2 不变而 m_2 增大时，反共振频率减小的趋势。在已测得系统的导纳图上，就可以修改参数进行振动系统的设计，达到振动控制的目的。

用骨架线识别振动系统等效参数的方法简单，适用于小阻尼且固有频率离的较远的自由度数较少的系统。对简单连续系统，也能识别低阶的模态特性。

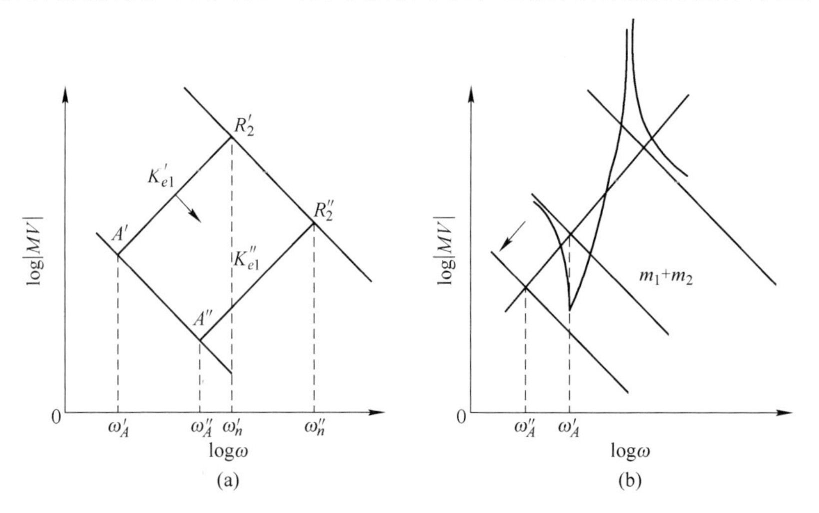

图 3-9　反共振频率和共振频率的变化情况示意图

（a）弹簧的刚度变大时；（b）当 m_1、K_2 不变而 m_2 增大时，反共振频率减小

3.3.3.3　利用骨架线能检测所测导纳曲线是否合理

从每一共振变到反共振点，骨架线的斜率变化应保持 ±2。如果测得导纳曲线不符合这一规律，表明测量有错误。对原点导纳必需遵守共振反共振点相互交替的规律，否则存在错误。试件对地固定和自由悬吊的边界条件是否得到保证，

可以用低频区的骨架线检测出来。接地试件的低频骨架线，是一条刚度导纳直线，刚度值表示测点的静刚度。自由悬吊试件的低频骨架线是一条质量导纳直线，质量的值等于激振点的值等效质量。但是，绝对自由悬吊条件是不存在的。所以，实际的自由悬吊试件的低频骨架线的起始一段，还是刚度导纳线。因此，要注意区分选择系统的低频谐振与试件固有频率这个问题。

3.3.4 骨架线法的推广

以上绘制骨架线是都没有计入系统的阻尼，和单自由度系统一样，共振峰值的高度与阻尼比有关。利用等效单自由度的阻尼比，可以确定等效系统共振峰值的高度，使得绘出的骨架法更接近实际情况。

骨架线法可以推广到串联的 N 阶系统。对接地约束系统，在质量 m_N 处激振，在 m_N 处测量的原点导纳函数可以写成

$$MD_{NN}(\omega) = \frac{\widetilde{X}_N}{\widetilde{f}_N} = \frac{m_1 \cdots m_{N-1}(\omega_{A1}^2 - \omega^2)\cdots(\omega_{AN-1}^2 - \omega^2)}{m_1 \cdots m_N(\omega_{n1}^2 - \omega^2)\cdots(\omega_{nN}^2 - \omega^2)} \tag{3-66}$$

根据这个函数画出的导纳函数及骨架线如图 3-10 所示。

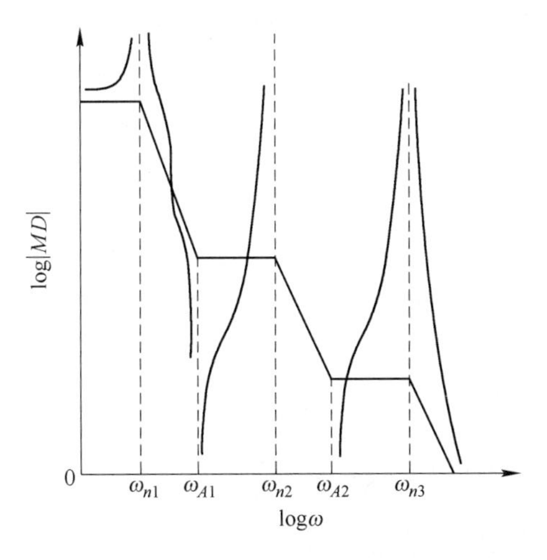

图 3-10 串联的 N 阶系统的导纳函数及骨架线

N 阶串联的自由—自由系统，当在 N 点激振、在 N 处测量时的原点导纳函数为

$$MD_{NN}(\omega) = \frac{\widetilde{X}_N}{\widetilde{f}_N} = \frac{m_1 \cdots m_{N-1}(\omega_{A1}^2 - \omega^2)\cdots(\omega_{AN-1}^2 - \omega^2)}{-m_1 \cdots m_N\omega^2(\omega_{n1}^2 - \omega^2)\cdots(\omega_{n1N-1}^2 - \omega^2)} \tag{3-67}$$

根据这个函数画出的导纳函数及骨架线如图 3-11 所示。

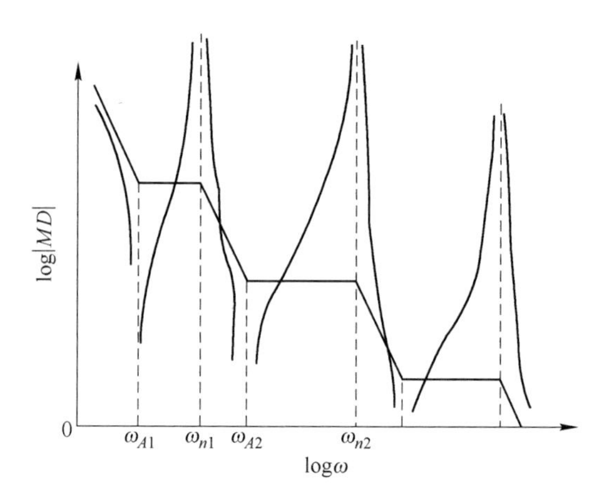

图 3-11 N 阶串联的自由系统，当在 N 点激振时的导纳函数及骨架线

3.4 导纳函数的实模态展开式

n 个自由度振动系统的导纳矩阵是 $n \times n$ 阶矩阵，掌握系统的动态特性需要掌握这 n^2 个函数。每个导纳函数都需要大量的数据。由于导纳矩阵的对称性，至少也得掌握半三角阵中的元素，即使这样也有 $n(n+1)/2$ 个元素。根据振动理论，利用无阻尼系统求得的振型矩阵，对原振动系统的物理坐标进行变换，化到主坐标或模态坐标描述系统的运动，可以达到解耦求解的目的。同时，可利用模态参数（模态质量、模态刚度等）描述系统的运动，得到了各阶主振动的迭加结果，有明显的物理意义。

导纳矩阵或导纳函数也可利用系统的模态参数表示，由于 n 组模态参数（K_i、M_i、ω_{ni}、ζ_i、$\{\phi\}_i$）中包括了系统的全部物理参数。测试导纳函数时，如果能测出一行或一列由模态参数表示的导纳函数，就能掌握系统的动态特性。这样，测试数据可大幅度减少。本节用模态参数表示导纳函数。

3.4.1 无阻尼振动系统的固有频率及振型

研究 n 个自由度无阻尼系统的自由振动微分方程

$$[M]\{\ddot{X}\} + [K]\{X\} = \{0\} \tag{3-68}$$

受约束的弹性系统 $[M]$、$[K]$ 是对称、正定、实元素矩阵。自由弹性系统，$[K]$是半正定矩阵。

设

$$\{x\} = \{\phi\}e^{j\omega t} \tag{3-69}$$

代入式（3-68），得

$$([K] - \omega^2[M])\{\phi\} = \{0\} \tag{3-70}$$

此为 n 元线性齐次代数方程组，有非零解时，其系数行列式为零

$$\det([K]-\omega^2[M])=0 \tag{3-71}$$

称式（3-71）为特征方程式，将行列式展开后得到 ω^2 的 n 阶代数方程式。

$$\omega_{2n}^2+\alpha_1\omega^{2(n-1)}+\alpha^2\omega^{2(n-2)}+\cdots+\alpha_{n-1}\omega^2+\alpha_n=0 \tag{3-72}$$

对于正定系统，由式（3-72）可解出 n 个正实根

$$0<\omega_{n1}^2<\omega_{n2}^2<\cdots<\omega_{nn}^2$$

称为特征值，开方后等于系统的固有频率。对每个 ω_{ni} 值代入式（3-70），可解出一列 $\{\phi\}_i$，其中元素皆为实数，称为特征矢量。代表各质点振动时的振幅比，也叫振型矢量或实模态。将 n 个振型矢量按如下次序排列

$$[\phi]=[\{\phi\}_1\{\phi\}_2\cdots\{\phi\}_n] \tag{3-73}$$

得振型矩阵，写成展开式，为

$$[\phi]=\begin{bmatrix}\phi_{11} & \phi_{12} & \cdots & \phi_{1n}\\ \phi_{21} & \phi_{22} & \cdots & \phi_{2n}\\ & & \vdots & \\ \phi_{n1} & \phi_{n2} & \cdots & \phi_{nn}\end{bmatrix} \tag{3-74}$$

该式为 $n\times n$ 阶矩阵。在实验模态分析中，只对某频段和某些点识别，这时，n 为矩阵的列数；对应所识别的固有频段数，m 为矩阵的行数，代表测量坐标点的数目。振型矩阵为 $m\times n$ 阶。

3.4.2 主振型的正交性

由于矩阵［M］、［K］是对称的，所以特征向量对［M］、［K］矩阵具有加权正交性，即

$$\{\phi\}_i^{\mathrm{T}}[K][\phi]_j=\begin{cases}0 & i\neq j\\ K_i & i=j\end{cases}$$

$$\{\phi\}_i^{\mathrm{T}}[K][\phi]_j=\begin{cases}0 & i\neq j\\ M_i & i=j\end{cases}$$

因为 ω_{ni}^2 及 $\{\phi\}_i$，ω_{nj}^2 及 $\{\phi\}_j$ 是方程（3-70）的两组解，所以

$$[K]\{\phi\}_i=\omega_{ni}^2[M]\{\phi\}_i \tag{3-75}$$

$$[K]\{\phi\}_j=\omega_{nj}^2[M]\{\phi\}_j \tag{3-76}$$

分别在式（3-75）和式（3-76）两边左乘列阵 $\{\phi\}_j$ 及 $\{\phi\}_i$ 的转置 $\{\phi\}_j^{\mathrm{T}}$ 及 $\{\phi\}_i^{\mathrm{T}}$，有

$$\{\phi\}_j^{\mathrm{T}}[K]\{\phi\}_i=\omega_{ni}^2\{\phi\}_j^{\mathrm{T}}[M]\{\phi\}_i \tag{3-77}$$

$$\{\phi\}_i^{\mathrm{T}}[K]\{\phi\}_j=\omega_{nj}^2\{\phi\}_i^{\mathrm{T}}[M]\{\phi\}_j \tag{3-78}$$

由于［K］、［M］均为对称矩阵，所以

$$[M]^{\mathrm{T}} = [M], [K]^{\mathrm{T}} = [K] \tag{3-79}$$

将式（3-77）两端取转置，有

$$(\{\phi\}_j^{\mathrm{T}}[K]\{\phi\}_i)^{\mathrm{T}} = \omega_{ni}^2(\{\phi\}_j^{\mathrm{T}}[M]\{\phi\}_i)^{\mathrm{T}}$$

$$\{\phi\}_i^{\mathrm{T}}[K]\{\phi\}_j = \omega_{ni}^2\{\phi\}_i^{\mathrm{T}}[M]\{\phi\}_j \tag{3-80}$$

式（3-80）减去式（3-78），有

$$0 = (\omega_{ni}^2 - \omega_{nj}^2)\{\phi_i\}_i^{\mathrm{T}}[M]\{\phi\}_j \tag{3-81}$$

因为 $\omega_{ni} \neq \omega_{nj}$，故有

$$\{\phi\}_i^{\mathrm{T}}[M]\{\phi\}_j = 0$$

代入式（3-80），有

$$\{\phi\}_i^{\mathrm{T}}[M]\{\phi\}_j = 0$$

这就证明了主振型的正交性。利用这一性质便可将 $[M]$、$[K]$ 矩阵对角化，达到将方程（3-68）解耦的目的。用振型矩阵 $[\phi]$ 及其转置 $[\phi]^{\mathrm{T}}$ 分别右乘和左乘矩阵 $[M]$、$[K]$ 矩阵，有

$$[\phi]^{\mathrm{T}}[M][\phi] = \mathrm{diag}[M_1, M_2, \cdots, M_n] = [M] \tag{3-82}$$

$$[\phi]^{\mathrm{T}}[K][\phi] = \mathrm{diag}[K_1, K_2, \cdots, K_n] = [K] \tag{3-83}$$

M_i、K_i 均为正实数，分别称为第 i 阶主质量及第 i 阶主刚度，即模态质量和模态刚度。由式（3-77）、式（3-78）和式（3-80）可得

$$\omega_{ni} = \frac{\{\phi\}_i^{\mathrm{T}}[K]\{\phi\}_i}{\{\phi\}_i^{\mathrm{T}}[M]\{\phi\}_i} = \frac{K_i}{M_i} \quad (i = 1, 2, 3, \cdots, n) \tag{3-84}$$

即 i 阶固有频率的平方值 ω_{ni}^2 等于第 i 阶主刚度与第 i 阶主质量的比值。

计入系统的阻尼时，一般阻尼矩阵 $[C]$ 也是正定或半正定矩阵。黏性阻尼矩阵不具有对实模态振型向量的正交性。所以不能利用实振型矩阵，将具有黏性阻尼的振动系统解耦求解，这属于复模态问题。但是，工程中常用的结构阻尼和比例阻尼矩阵，都可以借实模态矩阵对角化。因为，

$$[C] = \mathrm{j}g[K]$$

$$[C] = \alpha[M] + \beta[K] \tag{3-85}$$

式中，g，α，β 皆为常数；矩阵 $[C]$ 是刚度矩阵 $[K]$ 和质量矩阵 $[M]$ 的线性组合，可以对角化

$$[\phi]^{\mathrm{T}}[C][\phi] = \mathrm{diag}[C_1, C_2, \cdots, C_n] = [C] \tag{3-86}$$

阻尼矩阵可以利用实模态对角化的充分必要条件：

$$[C][M]^{-1}[K] = [K][M]^{-1}[C]$$

实际上符合这种条件的矩阵并不多。

3.4.3 有阻尼系统导纳函数的实模态展开式

研究简谐激励的稳态响应，并假设系统中存在的阻尼矩阵均满足上一节的条

件。系统的运动微分方程有：

$$[M]\{\ddot{X}\} + [C]\{\dot{X}\} + [K]\{X\} = \{F\} \tag{3-87}$$

设在 p 点的激励力为 $F_p e^{j\omega t}$，于是力的列向量

$$\{F\}^T = \{0,0,\cdots,F_p,\cdots,0\}e^{j\omega t}$$

激振力的相位取零，对线性系统稳态响应应有如下形式的解

$$\{x\} = \{\phi\}e^{j\omega t}$$

代入式（3-87）中

$$([K] - \omega^2[M] + j\omega[C])\{x\} = \{F\} \tag{3-88}$$

以实振型矩阵为基底，进行坐标变换，令

$$\{x\} = [\phi]\{q\} \tag{3-89}$$

$\{q\}$ 为主坐标或模态坐标，将式（3-89）代入式（3-88）中，并用 $[\phi]^T$ 左乘等式两边，有：

$$([K] - \omega^2[M] + j\omega[C])\{q\} = [\phi]^T\{F\} \tag{3-90}$$

为 n 个已经解耦的二阶微分方程。取出第 i 行方程，为

$$(K_i - \omega^2 M_i + j\omega c_i)q_i = \sum_{j=1}^{n}\phi_{ji}F_j \quad (i = 1,2,\cdots,n) \tag{3-91}$$

$$q_i = \frac{1}{K_i - \omega^2 M_i + j\omega c_i}\sum_{j=1}^{n}\phi_{ji}F_j \quad (i = 1,2,\cdots n) \tag{3-92}$$

称为第 i 阶主模态振动响应，$\sum_{j=1}^{n}\phi_{ji}F_j$ 为 i 阶广义力。代回式（3-89）写出第 l 个物理坐标，有

$$x_l = \phi_{l1}q_1 + \phi_{l2}q_2 + \cdots + \phi_{ln}q_n = \sum_{i=1}^{n}\phi_{li}q_i \tag{3-93}$$

任一物理坐标 x_l 的响应等于 n 阶主模态响应的迭加，模态迭加法。

根据上述公式，推出实模态情况下，导纳函数（传递函数）的展开式。

设在 p 点采用单点激振，激振力为

$$\{F\} = \{0,0,\cdots,F_p,\cdots,0\}^T e^{j\omega t}$$

第 i 阶广义力为 $\sum_{j=1}^{n}\phi_{ji}F_j = \phi_{pi}F_p$

第 i 阶主振动 $q_i = \dfrac{\phi_{pi}F_p}{K_i - \omega^2 M_i + j\omega c_i} \quad (i = 1,2,\cdots,n)$ （3-94）

第 l 坐标的响应，由式（3-93），有

$$x_l = \sum_{i=1}^{n}\phi_{li}\frac{\phi_{pi}F_p}{K_i - \omega^2 M_i + j\omega c_i} \tag{3-95}$$

在 p 点激振，在 l 点测振的传递导纳为

$$M_{lp}(\omega) = \frac{x_l}{F_p} = \sum_{i=1}^{n} \frac{\phi_{li}\phi_{pi}}{K_i - \omega^2 M_i + \mathrm{j}\omega c_i}$$
$$= \frac{\phi_{l1}\phi_{p1}}{K_1 - \omega^2 M_1 + \mathrm{j}\omega c_1} + \frac{\phi_{l2}\phi_{p2}}{K_2 - \omega^2 M_2 + \mathrm{j}\omega c_2} + \cdots +$$
$$\frac{\phi_{ln}\phi_{pn}}{K_n - \omega^2 M_n + \mathrm{j}\omega c_n} \tag{3-96}$$

激振点的原点导纳函数

$$M_{pp}(\omega) = \frac{x_p}{F_p} = \sum_{i=1}^{n} \frac{\phi_{pi}\phi_{pi}}{K_i - \omega^2 M_i + \mathrm{j}\omega c_i} \tag{3-97}$$

式（3-96）和式（3-97）两式表示了多自由度系统在单点简谐激振时，传递导纳和原点导纳与模态参数 K_i、M_i、C_i、$\{\phi\}$ 之间的关系，称为导纳函数的实模态展开式，在模态分析中非常有用。

振动测量中将式（3-96）写成以下形式：

$$M_{lp}(\omega) = \sum_{i=1}^{n} \frac{\phi_{li}\phi_{pi}}{K_i\left[\left(1 - \frac{\omega^2}{\omega_{ni}}\right)^2 + \mathrm{j}2\zeta_i \frac{\omega}{\omega_{ni}}\right]}$$
$$= \sum_{i=1}^{n} \frac{1}{K_{ei}^{lp}\left[\left(1 - \frac{\omega^2}{\omega_{ni}^2}\right) + \mathrm{j}2\zeta_i \frac{\omega}{\omega_{ni}}\right]}$$
$$= \sum_{i=1}^{n} \frac{\phi_{li}\phi_{pi}}{M_i(\omega_{ni} - \omega^2 + \mathrm{j}2\zeta_i\omega_{ni}\omega)}$$
$$= \sum_{i=1}^{n} \frac{1}{M_{ei}^{lp}(\omega_{ni}^2 - \omega^2 + \mathrm{j}2\zeta_i\omega_{ni}\omega)}$$
$$= \sum_{i=1}^{n} \frac{\lambda_{ei}^{lp}}{\left(1 - \frac{\omega^2}{\omega_n^2}\right) + \mathrm{j}2\zeta_i \frac{\omega}{\omega_{ni}}} \tag{3-98}$$

式中 $K_{ei}^{lp} = \frac{K_i}{\phi_{li}\phi_{pi}}$——$p$ 点激振 l 点测量第 i 阶模态的有效刚度；

$M_{ei}^{lp} = \frac{M_i}{\phi_{li}\phi_{pi}}$——$p$ 点激振 l 点测量第 i 阶模态的有效质量；

$\lambda_{ei}^{lp} = \frac{\phi_{li}\phi_{pi}}{K_i}$——$p$ 点激振 l 点测量第 i 阶模态的有效柔度；

$\omega_{ni} = \sqrt{\frac{K_i}{M_i}} = \sqrt{\frac{K_{ei}^{lp}}{M_{ei}^{lp}}}$——系统第 i 阶固有频率；

$\zeta_i = \frac{c_i}{2M_i\omega_{ni}}$——系统第 i 阶模态阻尼比。

4 复模态理论

当系统中的阻尼不属于结构阻尼和比例阻尼，而是一般黏性阻尼时，阻尼阵不能借实模态振型对角化，就会出现复模态现象。复模态现象一方面表现为系统的特征方程有复根，成为复频率。另外，根据复频率求得的特征矢量均为复元素，表现为“复振型向量”。这表明，对应每一固有频率系统的“振型”（仍借用这一概念）。不像实模态中各质点振型间只有简单的0°或180°的同相或反相的相位差，而是各质点振动间存在有各式各样的相位差，已没有主振型的形式。很多工程振动问题如机床振动、混凝土结构的振动等，都会出现复模态现象。求解复模态问题的理论包括求复特征值和特征向量、方程解耦求强迫响应的复模态展开式等。复模态现象给求解和测试都带来不少新问题。

4.1 单自由度系统传递函数的复模态展开式

已知黏性小阻尼系统的运动微分方程为

$$m\ddot{x} + c\dot{x} + Kx = f(t) \tag{4-1}$$

设 $x = Ae^{st}$，s 为复数，代入后得导纳函数（传递函数）

$$M(\omega) = H(\omega) = \frac{x}{f(t)} = \frac{1}{ms^2 + cs + K} = \frac{1}{m(s^2 + 2ns + \omega_n^2)} \tag{4-2}$$

式中

$$2n = \frac{c}{m}, \frac{K}{m} = {\omega_n}^2, \frac{n}{\omega_n} = \zeta \tag{4-3}$$

4.1.1 特征方程有共轭复根

式（4-2）分母

$$D(s) = s^2 + 2ns + \omega_n^2 = 0$$

得

$$s_1 s_1^* = -n \pm \sqrt{n^2 - {\omega_n}^2}$$

当小阻尼时，$\omega_n^2 > n^2$ 为共轭复根

$$\begin{aligned} s_1, s_1^* &= -n \pm j\sqrt{1-\zeta^2}\omega_n \\ &= -n \pm j\omega_d \end{aligned} \tag{4-4}$$

式中 n——衰减因子；

ω_d——有阻尼固有频率。

两共轭复根表示了传递函数 $H(s)$ 在复平面上的两个极点 A、A' 的坐标（图 4-1）。由极点的位置可以求出 ω_n、ω_{dR}、ξ 等参数。

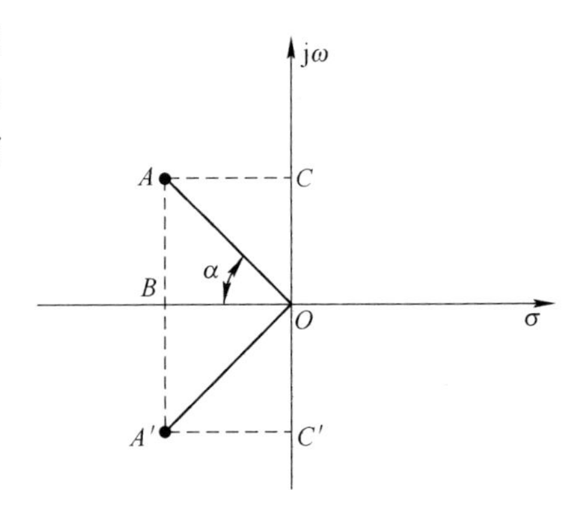

图 4-1 复平面上的两个极点坐标示意图

取 $|OB| = -n$，$OC = AB = A'B = \omega_d$

则

$$OA = OA' = \sqrt{\overline{OB}^2 + AB^2} = n^2 + \omega_n^2 - n^2 = \omega_n^2$$

由

$$\cos\alpha = \frac{|OB|}{OA} = \frac{n}{\omega_n} = \zeta$$

α 称为阻尼角，$\triangle AOB$ 称为阻尼三角形。

4.1.2 传递函数 $H(s)$ 的有理部分分式展开式

研究传递函数按复模态展开的方法。将 $H(s)$ 写成如下形式

$$H(s) = \frac{1}{m(s - s_1)(s - s_1^*)} = \frac{A}{s - s_1} + \frac{A^*}{s - s_1^*} \tag{4-5}$$

式中，s_1, s_1^* 为 $H(s)$ 的极点；A, A^* 为 $H(s)$ 的留数。

下面介绍求留数的方法。将式（4-5）两边乘以（$s - s_1^*$），再取极限，令 $s \to s_1$，得 A。

由

$$H(s)(s - s_1) = A + \frac{A^*(s - s_1)}{s - s_1^*} = \frac{1}{m(s - s_1^*)}$$

令 $s \to s_1$

得

$$A = \left.\frac{1}{m(s - s_1^*)}\right|_{s=s_1}$$

所以

$$A = \frac{1}{m[-n + j\omega_d - (-n - j\omega_d)]} = \frac{1}{j2m\omega_d}$$

同理

$$A^* = \frac{1}{-j2m\omega_d}$$

于是

$$H(s) = \frac{1}{2jm\omega_d(s - s_1)} + \frac{1}{-2jm\omega_d(s - s_1^*)}$$

取

$$r = \frac{1}{m\omega_d} = r^*$$

则

$$H(s) = \frac{r}{2j(s - s_1)} - \frac{r^*}{2j(s - s_1^*)} \tag{4-6}$$

一般 r、r^*、A、A^* 为共轭复数。这里是单自由度系统，r、r^* 全是实数。

4.1.3　留数的意义

已知，拉氏逆变换：

$$L^{-1}\left(\frac{1}{s - b}\right) = e^{bt} \qquad L^{-1}(H(S)) = h(t)$$

故

$$h(t) = \frac{r}{2j}e^{s_1 t} - \frac{r^*}{2j}e^{s_1^* t} \tag{4-7}$$

为系统的脉冲响应函数。

由 $s_1, s_1^* = -n \pm j\omega_d$，设 $r, r^* = r^R \pm jr^I$。r^R、r^I 为留数的实部及虚部，于是

$$\begin{aligned} h(t) &= \frac{r^R + jr^I}{2j}e^{(-n+j\omega_d)t} - \frac{r^R - jr^I}{2j}e^{(-n-j\omega_d)t} \\ &= e^{-nt}\left(r^R\frac{e^{j\omega_d t} - e^{-j\omega_d t}}{2j} + r^I\frac{e^{j\omega_d t} + e^{-j\omega_d t}}{2}\right) \\ &= e^{-nt}(r^R\sin\omega_d t + r^I\cos\omega_d t) \\ &= e^{-nt}|r|\sin(\omega_d t + a) \end{aligned} \tag{4-8}$$

式中，$|r| = \sqrt{(r^R)^2 + (r^I)^2}$，$a = \tan^{-1}\frac{r^I}{r^R}$ 表示衰减正弦振动。

因为传递函数的拉氏逆变换等于脉冲响应函数，在传递函数中的留数，表现为脉冲响应函数中的振幅值和相位差。多自由度系统在每一主振动中，频率阻尼比相同，由于各项点的留数不同，表示各质点存在有相位差。

4.2　多自由度系统传递函数的复模态展开式

4.2.1　传递函数按极点展开式

$$[M]\{\ddot{X}\} + [C]\{\dot{X}\} + [K]\{X\} = \{f\} \tag{4-9}$$

为 N 个自由度强迫振动方程。

式中，$[C]$ 矩阵不满足对实模态矩阵的正交化条件。为了在复数域研究传递函数，对上式两边进行拉氏变换。为求稳态响应，设初始条件为零，得

$$([M]s^2 + [C]s + [K])\{X(s)\} = \{F(s)\}$$

简记为

$$[Z(s)]\{X(s)\} = \{F(s)\} \tag{4-10}$$

式中，$[Z(s)]$ 为阻抗矩阵，元素 $Z_{ij}(s) = m_{ij}s^2 + C_{ij}s + K_{ij}$

传递函数矩阵

$$[H(s)] = [Z(s)]^{-1} = \frac{\mathrm{adj}[Z(s)]}{\det[Z(s)]} \tag{4-11}$$

式中，det $[Z(s)]$ 表示 $[Z(s)]$ 矩阵的行列式，其展开式的每个元素为从 N 行（N 列）中每次只取出一个元素的 n 项连乘积。行列式等于诸元素之和，有以下形式：

$$\begin{aligned}\det[Z(s)] &= \sum(-1)^{j_1j_2,\cdots,j_N} Z_{1j_1}Z_{2j_2}\cdots Z_{Nj_N} \\ &= b_0 + b_1s + b_2s^2 + \cdots + b_ns^n \\ &= D(s)\end{aligned} \tag{4-12}$$

式中，s 的最高阶次，$n = 2N$。

根据伴随矩阵定义，其第 l 行 p 列元素等于划去矩阵 $[Z(s)]$ 中第 l 行第 p 列元素后，余下矩阵的代数余子式取转置，即 $(-1)^{l+p}$ 乘以余下矩阵的行列式，

$$\begin{aligned}\mathrm{adj}[Z(s)]_{lp} &= a_0 + a_1s + a_2s^2 + \cdots + a_ms^m \\ &= N(s)\end{aligned} \tag{4-13}$$

式中，s 的最高阶次 $m = 2N - 2$。

传递函数矩阵中的 l 行第 p 列位置的元素为

$$H_{lp}(s) = \frac{a_0 + a_1s + a_2s^2 + \cdots + a_ms^m}{b_0 + b_1s + b_2s^2 + \cdots + b_ms^m} = \frac{N(s)}{D(s)} \tag{4-14}$$

是以 s 为自变量的真分式，称为传递函数的有理分式。其分母多项式 $D(s)$ 有 $2N$ 个根。若各阶模态阻尼值均小于临界阻尼，则是 N 对共轭复根。这时分母多项式可以写成

$$D(s) = b_n\prod_{i=1}^{N}(s - s_i)(s - s_i^*) \tag{4-15}$$

式中，s 和 s_i^* 为对应 i 阶模态的一对共轭复根，与系统的固有特性复频率相对应。

当系统的诸参数为已知的条件下，可以求出诸系数 a_i 和 b_i。由 $D(s) = 0$，能求出诸根 s_i 和 s_i^*。按极点 s_i 和 s_i^* 展开得到

$$H_{lp}(s) = \sum_{i=1}^{N}\left(\frac{A_{li}}{s - s_i} + \frac{A_{pi}^*}{s + s_i^*}\right) \tag{4-16a}$$

式中，A_i 和 A_i^* 为传递函数 $H_{lp}(s)$ 在极点 s_i 和 s_i^* 处留数。

极点表示系统的固有特性。从理论上讲，在模态实验时，极点的数值与激振点或观测点的位置选择无关。但由于测量误差及信噪比的影响，一般以激振点的原点导纳求极点比较好。留数的数值则随测试点的传递函数不同而异。它表示系

统各点响应分量的大小，和系统的振型相对应。

留数的求法和单自由度相同，当已求得极点坐标 s_i 和 s_i^* 即 $D(s)=0$ 的 N 对复根后，可用下面方法求得对应每一极点的留数。用因子 $(s-s_i)$ 乘以式（4-16a）两边，并取极限，有

$$\lim_{s \to s_i} H_{lp}(s)(s-s_i) = H_{lp}(s)(s-s_i)|_{s=s_i} = A_i \tag{4-16b}$$

同理

$$A_i^* = H_{lp}(s)(s-s_i^*)|_{s=s_i^*} \tag{4-17}$$

如果两侧点 l $(l=1, 2, 3, \cdots, N)$ 的传递函数 $H_{lp}(s)$ 均以求得，按各阶模态展开，便可写成矩阵形式

$$[H(s)] = \sum_{i=1}^{N} \left(\frac{[A_i]}{s-s_i} + \frac{[A_i^*]}{s-s_i^*} \right) \tag{4-18}$$

式中，$[A_i]$ 和 $[A_i^*]$ 分别为对应极点 s_i 和 s_i^* 的留数矩阵，且互为共轭。留数矩阵可以按下式求得

$$[A_i] = [H(s)](s-s_i)|_{s=s_i} \tag{4-19}$$

$$[A_i^*] = [H(s)](s-s_i^*)|_{s=s_i^*}$$

4.2.2 留数与复振型的关系

先在复数域内研究阻抗矩阵 $[Z(s)]$ 的性质，然后推出在极点处 s_i 和 s_i^*，$[Z(s)]$ 的留数与复振型之间的关系。阻抗矩阵的特征值问题可表示为

$$[Z(s)]\{\psi_i(s)\} = \lambda_i(s)\{\psi_i(s)\} \quad (i=1,2,\cdots,N) \tag{4-20}$$

式中，s 为复平面内除去极点外的任一复数。$\lambda_i(s)$ 为阻抗矩阵的特征根，$\{\psi_i(s)\}$ 为对应的特征向量，均是 s 的函数。还可写成

$$[Z(s)][\psi(s)] = [\psi(s)]\lceil \lambda_i(s) \rfloor \tag{4-21}$$

式中，$[\psi(s)]$ 为各特征根所对应的特征向量所组成的矩阵，即

$$[\psi(s)] = [\{\psi_1(s)\}],\{\psi_2(s)\},\cdots,\{\psi_N(s)\}$$

$\lceil \lambda_i(s) \rfloor$ 为 $\lambda_i(s)$ 组成的对角阵。

由于阻尼矩阵中的质量矩阵［M］、刚度矩阵［K］、阻尼矩阵［C］均为实对称矩阵，所以［$Z(s)$］也是对称矩阵。对称矩阵不同的特征根的特征向量，有正交性，即

$$\{\psi_i(s)\}^{\mathrm{T}}\{\psi_j(s)\} = 0$$

当

$$\lambda_j(s) = \lambda_i(s)$$

$$\{\psi_i(s)\}^{\mathrm{T}}\{\psi_i(s)\} = Q_i(s) \quad (i=1,2,\cdots,N) \tag{4-22}$$

以上两式写成矩阵式：

$$[\psi(s)]^{T}[\psi(s)] = Q_i(s) \tag{4-23}$$

根据以上关系，可将传递函数矩阵 $[H(s)]$ 借助于特征根 $\lambda_i(s)$ 与特征向量 $\{\psi_i(s)\}$ 表示成如下关系式：

先以 $[\psi(s)]^{T}$ 左乘以式（4-21），得

$$\begin{aligned}[\psi(s)]^{T}[Z(s)][\psi(s)] &= [\psi(s)]^{T}[\psi(s)][\lambda_i(s)] \\ &= [Q_i(s)][\lambda_i(s)] \\ &= [Q_i(s)\lambda_i(s)]\end{aligned} \tag{4-24}$$

对式（4-24）两边取行列式，得

$$\det[Z(s)] = \frac{\det[Q_i(s)\lambda_i(s)]}{\det[\psi(s)]^{T}\det[\psi(s)]} = \prod_{i=1}^{N}\lambda_i(s) \tag{4-25a}$$

下面推导传递函数的复模态展开式。对式（4-24）求逆，得

$$[H(s)] = [Z(s)]^{-1} = [\psi(s)]\left[\frac{1}{Q_i(s)\lambda_i(s)}\right][\psi(s)]^{T} \tag{4-25b}$$

根据求传递函数留数的式（4-19），有

$$[A_i] = [\psi(s)]\left[\frac{1}{Q_i(s)\lambda_i(s)}\right][\psi(s)]^{T}(s-s_i)\mid_{s=s_i} \tag{4-26}$$

$$[A_i{}^{*}] = [\psi(s)]\left[\frac{1}{Q_i(s)\lambda_i(s)}\right][\psi(s)]^{T}(s-s_i{}^{*})\mid_{s=s_i{}^{*}}(i=1,2,\cdots,N)$$

这就是留数矩阵和阻抗矩阵特征向量间的关系。下面，研究在极点处的情况：

将式（4-24）中的阻抗矩阵展开，并前乘以 $\{\psi_i(s)\}^{T}$ 得

$$\{\psi_i(s)\}^{T}([M]s^2+[C]s+[K])\{\psi_i(s)\} = \{\psi_i(s)\}^{T}\lambda_i(s)\{\psi_i(s)\}$$

记

$$\begin{aligned}\{\psi_i(s)\}^{T}[M]\{\psi_i(s)\} &= M_{ii}(s) \\ \{\psi_i(s)\}^{T}[C]\{\psi_i(s)\} &= C_{ii}(s) \\ \{\psi_i(s)\}^{T}[K]\{\psi_i(s)\} &= K_{ii}(s)\end{aligned} \tag{4-27}$$

均为 s 域的复函数。于是可以写成

$$M_{ii}(s)s^2 + C_{ii}(s)s + K_{ii}(s) = \lambda_i(s)Q_i(s) \tag{4-28}$$

则

$$\begin{aligned}\lambda_i(s) &= \frac{M_{ii}(s)}{Q_i(s)}(s^2+2\zeta_{ii}(s)\omega_{ii}(s)s+\omega_{ii}^2(s)) \\ &= \frac{M_{ii}(s)}{Q_i(s)}(s-s_i(s))(s-s_i^{*}(s))\end{aligned} \tag{4-29}$$

式中，$\omega_{ii}(s) = \sqrt{K_{ii}(s)/M_{ii}(s)}$。

$$S_{ii}(s) = C_{ii}(s)/2M_{ii}(s)\omega_{ii}(s) \tag{4-30}$$

$$S_i(s) = -\zeta_{ii}(s)\omega_{ii}(s) + \mathrm{j}\sqrt{1-\zeta_{ii}^{\ 2}(s)\omega_{ii}(s)}$$

$$S_i^{\ *}(s) = -\zeta_{ii}(s)\omega_{ii}(s) - \mathrm{j}\sqrt{1-\zeta_{ii}^{\ 2}(s)\omega_{ii}(s)} \tag{4-31}$$

$s_i(s)$，$\zeta_i^*(s)$ 为如下奇次方程根

$$M_{ii}(s)s^2 + C_{ii}(s)s + K_{ii}(s) = 0$$

由式（4-25a）可知，当 $s = s$、$s = s_i^*$ 时，对应了传递函数（4-25b）的极点

$$\lambda_i(s_i) = 0 , \lambda_i(s_i^*) = 0 \tag{4-32}$$

由式（4-29）可知

$$s_i = s_i(s_i) , s_i^* = s_i^*(s_i^*) \tag{4-33}$$

在极点 s_i 和 s_i^* 采用简单记号，令

$$\begin{aligned}
&\{\psi_i(s_i)\} = \{\psi_i\}, && M_{ii}(s_{ii}) = M_{ii}, && C_{ii}(s_i) = C_{ii}\\
&K_{ii}(s_i) = K_{ii}, && \omega_{ii}(s_i) = \omega_{ii}, && \zeta_{ii}(s_i) = \zeta_{ii}\\
&\{\psi_i(s_i^*)\} = \{\psi_i^*\}, && M_{ii}(s_i^*) = M_{ii}^*, && C_{ii}(s_i^*) = C_{ii}^*\\
&K_{ii}(s_i^*) = K_{ii}^*, && \omega_{ii}(s_i^*) = \omega_{ii}^*, && \zeta_{ii}(s_i^*) = \zeta_{ii}^*
\end{aligned}$$

可以证明，这些量是互为共轭的。

由式（4-20）和式（4-32）可得

$$\begin{aligned}
&[Z(s_i)]\{\psi_i\} = 0\\
&[Z(s_i^*)]\{\psi_i^*\} = 0
\end{aligned} \tag{4-34}$$

式中，$\{\psi_i\}$ 和 $\{\psi_i^*\}$ 为齐次阻尼方程的特征向量，即固有的复振型。下面，推导留数和复振型之间的关系。

由式（4-26）得：

$$\begin{aligned}
[A_i] &= [\psi(s)]\left[\frac{1}{\theta_i(s)\lambda_i(s)}\right][\psi(s)]^{\mathrm{T}}(s-s_i)\,|_{s=s_i}\\
&= [\psi(s)]\left[\frac{1}{M_{ii}(s)(s-s_i(s))(s-s_i^*(s))}\right][\psi(s)]^{\mathrm{T}}(s-s_i)\,|_{s=s_i}\\
&= [\psi]\left[\frac{1}{M_{ii}(s_i-s_i^*)}\right][\psi]^{\mathrm{T}}\\
&= \frac{\{\psi_i\}\{\psi_i\}^{\mathrm{T}}}{M_{ii}(s_i-s_i^*)}
\end{aligned} \tag{4-35}$$

式中，$[\psi] = [\{\psi_1\}\{\psi_2\}\cdots\{\psi_N\}]$ 称为复振型矩阵，同理

$$\begin{aligned}
[A_i^*] &= [\psi(s)]\left[\frac{1}{\theta_i(s)\lambda_i(s)}\right][\psi(s)]^{\mathrm{T}}(s-s_i^*)\,|_{s=s_i^*}\\
&= \frac{\{\psi_i^*\}\{\psi_i^*\}^{\mathrm{T}}}{M_{ii}^*(s_i^*-s_i)}
\end{aligned} \tag{4-36}$$

传递函数矩阵（4-18）可以写成

$$[H(s)] = \sum_{i=1}^{N}\left[\frac{\{\psi\}_i\{\psi\}_i^{\mathrm{T}}}{M_{ii}(s_i - s_i^*)(s - s_i)} + \frac{\{\psi_i^*\}\{\psi_i^*\}^{\mathrm{T}}}{M_{ii}(s_i^* - s_i)(s - s_i^*)}\right] \tag{4-37a}$$

式中，第 l 行第 p 列元素，即传递函数

$$H_{lp}(s) = \frac{X_l(s)}{F_p(s)} = \sum_{i=1}^{N}\left[\frac{\psi_{li}\psi_{pi}}{M_{ii}(s_i - s_i^*)(s - s_i)} + \frac{\psi_{li}^*\psi_{pi}^*}{M_{ii}^*(s_i^* - s_i)(s - s_i^*)}\right] \tag{4-37b}$$

由于在极点 s_i 、s_i^* 对应复频率，M_{ii} 、M_{ii}^* 为复常数，即

$$\rho_i = M_{ii}(s_i - s_i^*)$$
$$\rho_i^* = M_{ii}^*(s_i^* - s_i) \tag{4-38}$$

于是留数与复振型的关系为

$$A_{lpi} = \frac{\psi_{li}\psi_{pi}}{M_{ii}(s_i^* - s_i)} = \frac{\psi_{li}\psi_{pi}}{\rho_i}$$
$$A_{lpi}^* = \frac{\psi_{li}^*\psi_{pi}^*}{M_{ii}(s_i^* - s_i)} = \frac{\psi_{li}^*\psi_{pi}^*}{\rho_i^*}$$
$$H_{lp}(s) = \sum_{i=1}^{N}\left(\frac{A_{lpi}}{s - s_i} + \frac{A_{lpi}^*}{s - s_i^*}\right) \tag{4-39}$$

这就是传递函数的复模态展开式。

将传递函数的复模态展开式，写成与实模态传递函数展开式相类似的形式。由式（4-39）

$$H_{lp}(s) = \sum_{i=1}^{N}\left(\frac{A_{lpi}}{s - s_i} + \frac{A_{lpi}^*}{s - s_i^*}\right)$$

设 $s_i = -ni + \mathrm{j}\omega_{di}$, $s_i^* = -ni - \mathrm{j}\omega_{di}$。

其中，ω_{di} 为有阻尼固有频率；ω_{ni}为无阻尼固有频率，$\omega_{ni} = \sqrt{n_i^2 + \omega_{di}^2}$。

在部分分式（4-39）中，分子为复数。设

$$A_{epi}\ ,\ A_{epi}^* = \alpha_{lpi} \pm \mathrm{j}\beta_{lpi}$$

则式（4-39）可写成

$$\begin{aligned} H_{lp} &= \sum_{i=1}^{N}\frac{(s - s_i^*)A_{lpi} + (s - s_i)A_{lpi}^*}{(s - s_i)(s - s_i^*)} \\ &= \sum_{i=1}^{N}\frac{(s + ni + \mathrm{j}\omega_{di})(\alpha_{lpi} + \mathrm{j}\beta_{lpi}) + (s + ni - \mathrm{j}\omega_{di})(\alpha_{lpi} - \mathrm{j}\beta_{lpi})}{(s + ni - \mathrm{j}\omega_{di})(s + ni + \mathrm{j}\omega_{di})} \\ &= \sum_{i=1}^{N}\frac{2(\alpha_{lpi}s + \alpha_{lpi}n_i - \beta_{lpi}\omega_{di})}{s^2 + 2n_i + \omega_n^2} \end{aligned}$$

由于对称性 $H_{lp} = H_{pl}$, $\alpha_{lpi} = \alpha_{pli}$, $\beta_{lpi} = \beta_{pli}$

令 $\omega_{ni}^2 = K_i/M_i$, $s_i = 2n_i/\omega_{ni}$

$$\psi_{li}\psi_{pi} = 2(\alpha_{lpi}\cdot s + \alpha_{lpi}n_i - \beta_{lpi}\omega_{di})M_i$$

由于激振时，s 沿虚轴变化，$s = j\omega$，记 $\lambda = \omega/\omega_{ni}$

则

$$H_{lp}(\omega) = \sum_{i=1}^{N} \frac{\psi_{li}\psi_{pi}}{K_i[(1-\lambda_i^2)+2j\lambda_i\xi_i]} \tag{4-40}$$

K_i、M_i、ξ_i 为第 i 阶模态刚度、模态质量和模态阻尼，ψ_{li}、ψ_{pi} 称组合复振型分量，已经不是复常数，而是频率 ω 的函数。当系统的阻尼为零或是比例阻尼时，$n_i = 0$ 或 $\alpha_{lpi} = 0$，则变为实模态。

4.3 复模态分析及其应用

4.3.1 复特征值问题

首先，考虑只有结构阻尼（或称迟滞阻尼）的情况。系统的自由振动方程为

$$[m]\{\ddot{x}\} + ([k] + j[h])\{x\} = 0$$

令
$$[k^*] = [k] + j[h]$$

并假定方程的解为 $[x] = \{\phi\}e^{\lambda t}$，得

$$([k^*] + \lambda^2[m])\{\phi\} = 0$$

由于 k^* 是复数，这个一般化特征方程将产生 n 个复特征值与 n 个复特征向量，并且特征值不是共轭对形式（因为 $\lambda = a + jb$ 和 $\lambda = a - jb$ 不可能同时满足以上方程，除非 $[h]=0$）。这里的特征向量虽然仍用 $\{\phi\}$ 表示，但不同于前面介绍的实模态向量，这里的 $\{\phi\}$ 为复数，一般不满足正交性条件。

在同时存在黏性阻尼的情况下，特征方程为

$$(\lambda^2[m] + \lambda[c] + [k^*])\{\phi\} = 0 \tag{4-41}$$

式（4-41）称为非线性特征性值问题，直接求解很困难。常用矩阵转换方法把它变形为标准特征值问题或一般特征值问题。

引入一个恒等式

$$\lambda[m]\{\phi\} - [m]\{\dot{\phi}\} = 0 \tag{4-42}$$

并把式（4-41）变形为

$$\lambda[m]\{\dot{\phi}\} + \lambda[c]\{\phi\} + [k^*]\{\phi\} = 0 \tag{4-43}$$

把式（4-42）和式（4-43）结合起来，得

$$\left(\begin{bmatrix} -m & 0 \\ 0 & k^* \end{bmatrix} + \lambda\begin{bmatrix} 0 & m \\ m & c \end{bmatrix}\right)\begin{Bmatrix} \dot{\phi} \\ \phi \end{Bmatrix} = 0 \tag{4-44}$$

现在定义

$$[A]=\begin{bmatrix}0 & m\\ m & c\end{bmatrix},[B]=\begin{bmatrix}-m & 0\\ 0 & k^*\end{bmatrix},\{\Phi\}=\begin{Bmatrix}\dot{\phi}\\ \phi\end{Bmatrix}$$

式（4-44）可写成

$$([B]+\lambda[A])\{\Phi\}=0 \tag{4-45}$$

这是一个一般化特征方程。由于矩阵 $[A]$ 和 $[B]$ 为 $2n\times 2n$ 阶矩阵，所以方程式（4-45）有 $2n$ 个特征方程和 $2n$ 个特征向量。矩阵 $[A]$ 和 $[B]$ 保持了对称性。对于黏性阻尼的情况，$[A]$ 和 $[B]$ 同时是实矩阵，特征值和特征向量为复共轭对的形式。由特征值分析理论可知，这里的扩展特征向量 $\{\Phi\}$ 满足以下正交性条件，即如果 $r\neq t$，有（注意：上标 T 表示转置，不是共轭转置）

$$\begin{aligned}\{\Phi_r\}^{\mathrm{T}}[A]\{\Phi_t\}&=0\\ \{\Phi_r\}^{\mathrm{T}}[B]\{\Phi_t\}&=0\end{aligned} \tag{4-46a}$$

或者表示以下形式

$$\begin{aligned}[\Phi]^{\mathrm{T}}[A][\Phi]&=[a]\\ [\Phi]^{\mathrm{T}}[B][\Phi]&=[b]\end{aligned} \tag{4-46b}$$

这里，$[a]$ 和 $[b]$ 为对角矩阵。这里应注意，是扩展向量 $\{\Phi\}$ 满足以上正交性条件，而不是原有系统的特征向量 $\{\phi\}$ 。后者不能使矩阵 $[m]$ 、$[c]$ 、$[k]$ 、$[h]$ 对角化，因为 $\{\phi\}$ 不再像实模态分析中那样相互独立。其原因是由于阻尼引起的模态耦合效应，一个模态储存与消耗的能量还其他模态有关。

单自由度系统的特征方程为

$$\lambda^2 m+k+\mathrm{j}h=0$$

设 $\lambda=a+\mathrm{j}b$，a 和 b 为实数，代入上式可得

$$a=\pm\omega_n\sqrt{(-1+\sqrt{1+g^2})/2}=\pm\omega_n\zeta,\ \zeta=\sqrt{(-1+\sqrt{1+g^2})/2}$$

$$b=\mp\omega_n\sqrt{(1+\sqrt{1+g^2})/2}=\mp\omega_d,\ \omega_d=\omega_n\sqrt{(1+\sqrt{1+g^2})/2}$$

这里，$\omega_n=\sqrt{k/m}$ 为无阻尼系统的固有频率，$g=h/k$ 为结构阻尼比。a 必须为负，否则系统发散。正 a 和负 b 的组合仅仅是用复数来表示结构阻尼得到的数学上的结果，不具有任何实际含义。

当 $g\ll 1$ 时，$\sqrt{1+g^2}\approx 1+g^2/2$，有 $\zeta=g/2$，$\omega_d=\omega_n\sqrt{1+\zeta^2}$。可见，有结构阻尼的固有频率比无阻尼固有频率稍大，这点与黏性阻尼的情况正好相反。

最后，作为举例，计算图 4-2 所示的二自由度系统的复特征值问题。

$$m_1 = 2\text{kg}, m_2 = 2\text{kg}$$
$$k_1 = 1000.0\text{N/m}, k_2 = 1500.0\text{N/m}$$
$$c_1 = 10.0\text{N}\cdot\text{s/m}, c_2 = 17.0\text{N}\cdot\text{s/m}$$

扩展系统的特征值为

$$-1.0728 - 14.4324i,\ -1.0728 + 14.4324i,$$
$$-9.9272 - 41.1328i,\ -9.9272 + 41.1328i$$

相应的特征向量矩阵为

$$[\Phi] = \begin{bmatrix} 0.6985 + 0.0185i & 0.6985 - 0.0185i & 0.9928 + 0.0072i & 0.9928 - 0.0072i \\ 0.9684 + 0.0316i & 0.9684 - 0.0316i & -0.7187 + 0.0072i & -0.7187 - 0.0072i \\ -0.0049 + 0.0480i & -0.0049 - 0.0480i & -0.0057 + 0.0228i & -0.0057 - 0.0228i \\ -0.0071 + 0.0666i & -0.0071 - 0.0666i & 0.0038 - 0.0166i & 0.0038 + 0.0166i \end{bmatrix}$$

可见，特征值和特征向量均为共轭复数的形式。可以验算以上特征向量满足以下正交性条件

$$[\Phi]^{\mathrm{T}}[A][\Phi] = \begin{bmatrix} -0.0818 + 0.3847i & & & \\ & -0.0818 - 0.3847i & & \\ & & -0.0633 + 0.1227i & \\ & & & -0.0633 - 0.1227i \end{bmatrix}$$

$$[\Phi]^{\mathrm{T}}[B][\Phi] = \begin{bmatrix} -5.6400 - 0.7676i & & & \\ & -5.6400 + 0.7676i & & \\ & & -5.6743 - 1.3853i & \\ & & & -5.6743 + 1.3851i \end{bmatrix}$$

如果同时存在结构阻尼，即刚性为复数，则特征值和特征向量不为共轭的形式。例如取 $k_1 = 1000.0 + 13.0i$、$k_2 = 1500.0 + 17.0i$，则扩展系统的特征值分别为

$$-0.9807 - 14.4327i,\quad -1.1649 + 14.4326i,$$
$$-9.6739 - 41.1335i,\quad -10.1805 + 41.1337i$$

相应的特征向量矩阵为

$$[\Phi] = \begin{bmatrix} 0.6892 - 0.0363i & 0.5174 - 0.2019i & -0.7912 + 0.2088i & -0.5447 - 0.4543i \\ 0.9559 - 0.0441i & 0.7160 - 0.2840i & 0.5700 - 0.1613i & 0.3894 + 0.3353i \\ -0.0007 + 0.0477i & -0.0168 - 0.0345i & -0.0005 - 0.0194i & -0.0073 + 0.0151i \\ -0.0041 + 0.0661i & -0.0235 - 0.0477i & 0.0006 + 0.0140i & 0.0055 - 0.0108i \end{bmatrix}$$

可见，有结构阻尼时，特征值和特征向量不为共轭复数的形式，但是正交性条件依然成立。验算结果如下

$$[\Phi]^{\mathrm{T}}[A][\Phi]=\begin{bmatrix}-0.0174+0.3836i & & & \\ & -0.1955-0.1531i & & \\ & & 0.0057+0.0939i & \\ & & & 0.0560-0.0426i\end{bmatrix}$$

$$[\Phi]^{\mathrm{T}}[B][\Phi]=\begin{bmatrix}-5.5535+0.1246i & & & \\ & -2.4379+2.6425i & & \\ & & -3.8062+1.1406i & \\ & & & -1.1814-2.7390i\end{bmatrix}$$

4.3.2 关于复模态与实模态的讨论

综上所述，在存在阻尼的一般情况下进行特征值分析，得到的特征值和特征向量一般为复数。严格地说，这些复数模态参数不同于实模态参数，但是我们可以近似地从复模态得到实模态的信息。在比例阻尼的特殊情况下（阻尼矩阵为质量矩阵和刚性矩阵的线性组合），复模态与实模态完全等价。这时，各个模态之间不存在耦合，一个模态储存与消耗能量与其他模态无关。这种情况可以用模态坐标上的相互独立的单自由度系统来表示，如图 4-2 所示。

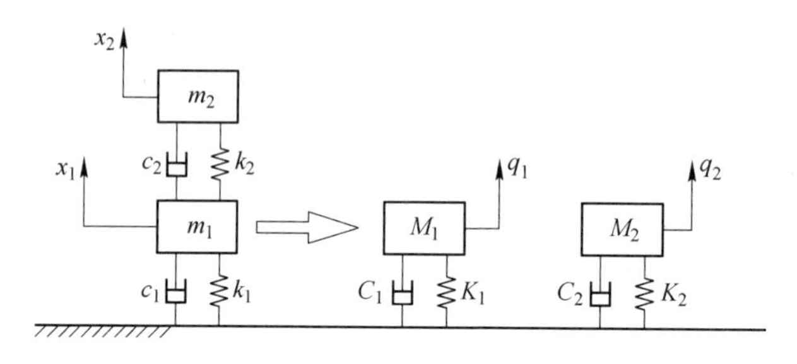

图 4-2 比例阻尼下的物理坐标与实模态坐标

对于实模态来说，各个点之间的相位关系是一定的，要么相同，要么反相。因此，对其放大或缩小并不改变其几何形状，即变形为零的模态的节点（线）位置不变。但是，复模态的各个点之间的相位不同，放大或缩小可能会引起模态实部与虚部之间的相对关系的变化（信息转移），使得模态节点（线）位置发生移动。因此，用不同的正规化方法可能使得复模态性状发生变化。

尽管实模态只严格存在于数值分析的世界，在实际应用中，实模态的重要性

却远大于复模态。复模态分析只是在某些特殊分析领域才得到应用，例如车闸的异声分析（Brake Squealing）、包含有控制系统的稳定性分析等。除非特别指明，通常所说的模态分析均指实模态分析。对于有阻尼系统，可以先略去阻尼，进行特征值分析，得到无阻尼系统的固有频率和模态形状，再将物理坐标上的联立方程转换到模态坐标上去。尽管实模态可以将质量和刚性矩阵对角化，但是一般不能同时将阻尼矩阵也对角化。因此，在模态坐标上，依然存在由模态阻尼的非对角元素而引起的模态耦合，如图 4-3 所示。

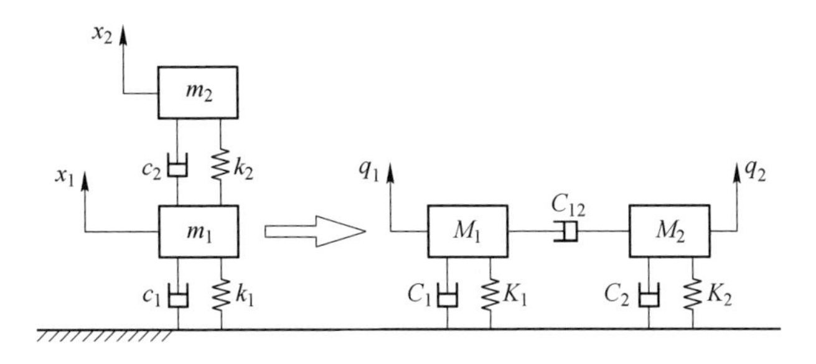

图 4-3　非比例阻尼下的物理坐标与实模态坐标

需要指出，除了阻尼以外，主动控制系统、陀螺效应、空气动力效应或其他结构非线性特性（如摩擦）等原因也会导致非对称矩阵，产生复模态。

4.4　状态向量法求解黏性阻尼系统

求解线性黏性阻尼振动系统问题，困难在于将方程式解耦。关键是设法使阻尼矩阵对角化。对结构阻尼矩阵及比例阻尼矩阵均可借助实振型矩阵对角化，对一般黏性阻尼矩阵则不能。现采用状态向量法先将描述 n 个自由度的 n 个二阶微分方程化为 $2n$ 个一阶微分方程后，就可以用经典的数学方法解耦后求解。

4.4.1　状态向量的微分方程及阻尼衰减振动

设黏性阻尼的自由振动微分方程式为

$$[M]\{\ddot{X}\} + [C]\{\dot{X}\} + [K]\{X\} = \{0\} \tag{4-47}$$

与恒等式 $[M]\{\dot{X}\} - [M]\{\dot{X}\} = \{0\}$ 合并起来，有

$$\underset{2n\times 2n}{\begin{bmatrix} 0 & M \\ M & C \end{bmatrix}} \underset{2n\times 1}{\begin{Bmatrix} \ddot{X} \\ \dot{X} \end{Bmatrix}} - \underset{2n\times 2n}{\begin{bmatrix} -M & 0 \\ 0 & K \end{bmatrix}} \underset{2n\times 1}{\begin{Bmatrix} \dot{X} \\ X \end{Bmatrix}} = \underset{2n\times 1}{\begin{Bmatrix} 0 \\ 0 \end{Bmatrix}} \tag{4-48a}$$

简记为

$$[A]\{\dot{y}\} + [B]\{y\} = \{0\} \tag{4-48b}$$

式中 $$[A]=\begin{bmatrix}0 & M\\ M & C\end{bmatrix},[B]=\begin{bmatrix}-M & 0\\ 0 & K\end{bmatrix},\{y\}=\begin{Bmatrix}\dot{X}\\ X\end{Bmatrix} \tag{4-49}$$

$\{y\}$ 表示系统各质点任意瞬间的位移及速度，表示运动状态，称为状态向量。称式（4-48（b））为状态向量微分方程，为线性常系数齐次方程组，可用经典方法求解。因 $[M]$、$[C]$、$[K]$ 均为实对称矩阵，故 $[A]$、$[B]$ 均为实对称矩阵。且 $[A]$ 为非奇异矩阵，所以存在逆矩阵 $[A]^{-1}$。用 $-[A]^{-1}$ 左乘以式（4-48），可得

$$\{\dot{y}\}-[H]\{y\}=0 \tag{4-50}$$

式中 $$[H]=-[A]^{-1}[B] \tag{4-51}$$

设

$$\{y\}=\{\psi\}\mathrm{e}^{st} \tag{4-52}$$

式中，s 为复数；$\{\psi\}$ 为 $2n\times1$ 模态向量中元素全是复数。将式（4-52）代入式（4-51）中，得

$$[sI-H]\{\psi\}=\{0\} \tag{4-53}$$

其特征方程为

$$\det(s)=|sI-H|=0 \tag{4-54}$$

式中，$[H]$ 为 $2n\times2n$ 阶方阵，有 $2n$ 个特征值。由于是欠阻尼系统，一定有振动解，这些特征值一定是具有负实部的共轭复根。设各根不等，记为

$$s_1,s_2,\cdots,s_n,s_{n+1},s_{n+1}^*,s_{n+2}^*,\cdots,s_{n+n}^* \tag{4-55}$$

将每个根 s_i 代入式（4-53）中，解齐次代数方程得到对应的复模态向量 $\{\psi\}$，于是得到复模态矩阵

$$[\psi]=[\{\psi\}_1\ \{\psi\}_2\cdots\{\psi\}_{2n}] \tag{4-56}$$

4.4.2 复振型对系数矩阵［*A*］、［*B*］的正交性

证明模态向量 $\{\psi\}$ 对系数矩阵 $[A]$ 和 $[B]$ 是加权正交的。将式（4-52）代入式（4-48b）得

$$S[A]\{\psi\}+[B]\{\psi\}=\{0\}$$

将 s_i 和 s_j 以对应的模态向量代入上式，得

$$s_i[A]\{\psi\}_i+[B]\{\psi\}_i=\{0\}$$
$$s_j[A]\{\psi\}_j+[B]\{\psi\}_j=\{0\}$$

分别以 $\{\psi\}_j^{\mathrm{T}}$ 和 $\{\psi\}_i^{\mathrm{T}}$ 左乘第一和第二式，得

$$s_i\{\psi\}_j^{\mathrm{T}}[A]\{\psi\}_i+\{\psi\}_j^{\mathrm{T}}[B]\{\psi\}_i=\{0\}$$
$$s_i\{\psi\}_i^{\mathrm{T}}[A]\{\psi\}_j+\{\psi\}_i^{\mathrm{T}}[B]\{\psi\}_j=\{0\} \tag{4-57}$$

再对第一式取转置，因为 $[A]$、$[B]$ 是对称矩阵，有：

$$S_i \{\psi\}_i^{\mathrm{T}}[A]\{\psi\}_j + \{\psi\}_i^{\mathrm{T}}[B]\{\psi\}_j = \{0\} \tag{4-58}$$

二方程相减，得

$$(s_i - s_j)\{\psi\}_i^{\mathrm{T}}[A]\{\psi\}_j = 0$$

因为 $s_i \neq s_j$，有

$$\{\psi\}_i^{\mathrm{T}}[A]\{\psi\}_j = 0 \quad (i \neq j) \tag{4-59}$$

$$\{\psi\}_i^{\mathrm{T}}[A]\{\psi\}_j = a_{ii} \quad (i = j)$$

同理，可证

$$\{\psi\}_i^{\mathrm{T}}[B]\{\psi\}_j = 0 \quad (i \neq j)$$

$$\{\psi\}_i^{\mathrm{T}}[B]\{\psi\}_j = b_{jj} \quad (i = j)$$

最后这两个方程式表示了黏性阻尼系统中复振型的正交关系。于是，用复模态矩阵 $\{\psi\}$ 可以将系数矩阵 $[A]$ 和 $[B]$ 对角化，得到

$$[\psi]^{\mathrm{T}}[A][\psi] = \lceil A \rfloor \text{和} [\psi]^{\mathrm{T}}[B][\psi] = \lceil B \rfloor \tag{4-60}$$

式中，$\lceil A \rfloor$ 和 $\lceil B \rfloor$ 为对角矩阵。

4.4.3 阻尼系统的强迫振动响应

$$[A]\{\dot{y}\} + [B]\{y\} = \{E(t)\} \tag{4-61}$$

应用复模态矩阵将此方程解耦，取新的状态向量 $\{z\}$，它由下面线性变换确定

$$\{y\} = [\psi]\{z\} \quad \text{或} \quad \{z\} = [\psi]^{-1}\{y\} \tag{4-62}$$

于是

$$[A][\psi]\{\dot{z}\} + [B][\psi]\{z\} = \{E(t)\}$$

将上式左乘以 $[\psi]^{\mathrm{T}}$，根据正交性得

$$\lceil A \rfloor\{\dot{z}\} + \lceil B \rfloor\{z\} = [\psi]^{\mathrm{T}}\{E(t)\} = \{N(t)\} \tag{4-63}$$

或

$$a_{ii}\dot{z}_i + b_{ii}z_i = N_i(t), \quad (i = 1,2,3,\cdots,2n) \tag{4-64}$$

由式（4-57），当（$i \neq j$）时，有

$$s_i \cdot a_{ii} + b_{ii} = 0 \tag{4-65}$$

故

$$\dot{z}_i - s_i z_i = \frac{1}{a_{ii}} N_i(t), \quad (i = 1,2,3,\cdots,2n) \tag{4-66}$$

于是，这一阶常系数线性方程的解为

$$z_i = \frac{1}{a_{ii}}\int_0^t e^{s_i(t-\tau)} N_i(\tau)\mathrm{d}\tau \quad (i = 1,2,3,\cdots,2n) \tag{4-67}$$

式中，$e^{s_i t}/a_{ii}$ 为式（4-66）在初始条件下的脉冲响应。

$\{z\}$ 坐标的初始条件由变换求得

$$\{z(0)\} = [\psi]^{-1}\{y(0)\} = [\psi]^{-1}\begin{Bmatrix}\dot{X}(0)\\X(0)\end{Bmatrix} \tag{4-68}$$

令 z_{i0} 表示 i 阶模态的初始条件，则式（4-64）的补解有

$$z_i = z_{i0}e^{s_i t} \quad (i = 1,2,3,\cdots,2n) \tag{4-69}$$

全解为补解（4-67）和特解（4-69）之和，关于 $\{X\}$ 的解，借变换求得

$$\begin{Bmatrix}\dot{X}(t)\\X(t)\end{Bmatrix} = \{y(t)\} = [\psi]\{z(t)\} \tag{4-70}$$

全部求解过程可在计算机上进行。

5 2130mm 轧机振动分析

5.1 有限元法简介

有限单元法是随着电子计算机的使用而发展起来的一种有效的数值计算方法，也称有限元法。有限元分析是在结构分析领域中应用和发展起来的，它不仅可以解决很多工程中的结构分析问题，同时也可以解决流体力学、电磁学、传热学和声学等领域的问题。由于有限元法适应性强、计算精度高、计算格式规范统一，有限元计算结果已经成为各类工业产品设计和性能评估的可靠依据和工程设计中不可缺少的一种重要方法，在大型结构应力应变分析、热分析、流体分析等多种领域和工程中扮演着越来越重要的角色。经过近几十年的应用和发展，有限元方法的理论更为完善，在工程上更具有实际意义，目前一些有限元领域的专家和学者利用有限元理论和方法已经开发出一批比较通用且专业的有限元分析软件，国际上著名的通用有限元软件有几十种，常用的有 ANSYS、ABAQUS、NASTRAN、MARK、ALGOR 以及 ADINA 等。

有限元法对各种工程（物理）问题的数学模型进行有限元分析的基本思想概括如下：

（1）将工程或物理问题的数学模型转化成有限元法中的求解域，然后将以上转化的求解域离散为若干个子域，并将离散的若干个子域边界上的节点相互连接，最后连接一个利于有限元计算的组合体。

（2）将以上相互连接的组合体用数学上的近似函数来表示，用表示每个单元的近似函数来表示将要求解的未知场变量。由于未知场函数和插值函数可以表达求解域上每个单元的近似函数，而且在相邻单元的节点上未知场函数或插值函数的计算结果与各个组合体的数值相同，因而它们可以作为数值求解的基本未知量。这样就将无穷多自由度问题转化为有限自由度问题。

（3）通过原工程或物理问题的基本方程、边界条件的数学模型进行等效的变分或加权，然后利用变分原理或加权余量法，建立场函数的代数方程组或插值函数的常微分方程组。把以上建立的代数方程组和常微分方程组用数学方法转化成各种矩阵形式，并把所求矩阵加以规范化，转化成有限元求解方程，接着用相应的数值方法和各种计算机辅助手段求解该方程。

有限元法的特点概括如下：

（1）对于各种复杂几何构形和各种物理问题的适应性：有限元法首先是将

所求的模型离散为若干个单元，这是因为空间中离散的单元具有较强的适应性，可以适用于空间中的任何维数（一维、二维和三维），特别是对各种物理问题的适应性更强，如线弹性问题、黏弹性问题、电磁场问题、屈曲问题、流体力学问题等或者它们之间的相互耦合问题，而且离散的每一种单元的形状各不相同，同时各种单元可以相互连接，具有很多种连接方式，所以，工程实际中遇到的复杂几何构形问题和物理问题都可以离散为各种单元或单元与单元之间的各种组合体，最终转化成有限元模型。

（2）建立于各种数学和物理理论基础上的可靠性：数学上的变分原理适应于各种与其等效的积分形式，如各种微分方程（代数方程组、常微分方程组等）和工程或物理问题中的边界条件，建立问题有限元方程基础上的准确数学模型，所以只要原问题简化的模型及模型的数学表达式是正确的，利用各个领域中相应的有限元分析软件，对简化的各种模型进行计算，则随着模型中各个单元和组合体尺寸的缩小或者是插值函数阶次的提高，有限元解的近似程度在计算机中将不断地被改进，接近于所简化的原数学模型，最终得到所需要的解。

（3）适应计算机实现的高效性：由于有限元分析的各个步骤和数学模型简化来的求解方程可以表达成标准的矩阵代数问题和规范化的矩阵形式，特别适合计算机的编程和执行。

有限元法的基本求解步骤如下：

（1）结构的离散化；

（2）选择插值函数；

（3）建立控制方程；

（4）求解节点变量；

（5）计算单元中的其他导出量。

5.2 振动分析的有限元理论

有限元法是一种采用电子计算机求解结构静、动态力学特性等问题的数值解法。在机械结构的动力学分析中，利用弹性力学有限元法建立结构的动力学模型，进而可以计算出结构的固有频率、振型等模态参数以及动力响应（包括响应位移和响应应力）。由于有限元法具有精度高、适应性强以及计算格式规范统一等优点，所以在短短 50 多年间已广泛应用于机械、宇航航空、汽车、船舶、土木、核工程及海洋工程等许多领域，已成为现代机械产品设计中的一种重要工具。

有限元法的基本思想是“先分后合”，即将连续体或结构先人为地分割成许多单元，并认为单元与单元之间只通过节点连接，力也只通过节点作用。在此基础上，根据分片近似的思想，假定单元位移函数，利用力学原理推导建立每个单元的平衡方程组，再将所有单元的方程组，组织集成表示整个结构力学特性的代数方程组，并引入边界条件求解。应用有限元法求解弹塑性问题的分析过程，可以分为几个步骤。

5.2.1 结构离散化

结构离散化是指把结构体用一组有限个单元的组合来替代，单元与单元之间只通过节点连接并传递内力（节点力），单元边界位移保持一致，既不出现裂缝，也不允许重叠。离散时，首先根据计算精度的要求及计算机的速度和容量，合理选择单元的形状、数目、网格方案。通常在应力变化比较剧烈的部位以及应力集中的部位应增加单元网格的密度。离散和集中是有限元法的精髓，它把求解区域化分成许多小的相互连接的子区域或单元。由于单元的划分是任意的，而且可以以各种不同的形式结合在一起，所以能用来灵活地表示各种复杂的结构和几何形状。它把连续体分成有限个单元，其性态便可由有限个参数来表示，而后求解其作为单元集合体的整体结构。它所遵循的条件与原问题（即连续体）完全相同。这种近似是传统的数学近似和工程上的直接近似。在有限元法中，离散包括两方面的内容，一是结构划分成单元，二是单元组成结构。为了能用节点位移来表示单元内任意一点的位移以及应变和应力，需先假设单元内任意一点的位移是坐标的某种简单函数，叫做位移函数，可表示为：

$$\{f\}^e = [N]\{\delta\}^e \tag{5-1}$$

式中 $\{f\}^e$——单元内任意一点的位移列阵；

$[N]$——形函数矩阵；

$\{\delta\}^e$——单元的节点位移列阵。

5.2.2 单元分析

单元分析的目的是根据单元的受力状态确定单元节点力与单元位移之间的关系。分析步骤如下：

（1）利用弹性力学的几何方程，导出用节点位移表示的单元应变，即

$$\{\varepsilon\} = [B]\{\delta\}^e \tag{5-2}$$

式中 $\{\varepsilon\}$——单元内一点的应变列阵；

$[B]$——几何矩阵。

（2）利用物理方程导出节点位移表示的单元应力，即

$$\{\sigma\} = [D]\{B\}\{\delta\}^e = [S]\{\delta\}^e \tag{5-3}$$

式中 $\{\sigma\}$——单元内一点的应力列阵；

$[D]$——弹性矩阵；

$[S]$——单元应力矩阵。

（3）利用虚功方程建立作用于单元的节点力 $[P]^e$ 与节点位移之间的关系式，即单元刚度矩阵

$$\{P\}^e = [K]^e\{\delta\}^e \tag{5-4}$$

$$[K]^e = \int_v [B]^{\mathrm{T}}[D][B]d_v \tag{5-5}$$

式中 $[K]^e$——单元刚度矩阵。

5.2.3 整体分析

单元刚度矩阵方程建立了节点力与节点位移之间的关系，但对于弹性体内部的任意单元来说，其节点力并不是已知的，需要由弹性体表面的单元受力求得。因此，需要对所有的单元体集合进行整体分析，以确定外力与节点位移之间的关系：

（1）计算等效节点载荷。连续弹性体经离散化后，便假定力是通过节点从一个单元传递到另一个单元。但是实际的连续体，力是从单元的公共边界传递到另一个单元的。因此，作用在单元上的集中力、体积力以及作用在单元边界上的表面力，都必须等效地移植到节点上去，形成等效的节点载荷。

（2）建立整体结构的平衡方程。集合所有单元的刚度方程，建立整个结构的平衡方程，从而形成总体刚度矩阵。即

$$[K]\{\delta\} = \{P\} \tag{5-6}$$

式中 $[K]$——全结构的总体刚度矩阵；

$\{\delta\}$——全结构的点位移列矩阵；

$\{P\}$——全结构的等效节点载荷列矩阵。

计算结构的固有频率和振型，是动力分析的基本内容。

无阻尼的自由振动方程式

$$[M]\{\ddot{\delta}\} + [K]\{\delta\} = 0 \tag{5-7}$$

设解的形式为 $\{\delta\} = \{\bar{\delta}\}\sin(\omega t)$，代入式（5-7）得

$$([K] - \omega^2[M])\{\bar{\delta}\} = 0 \tag{5-8}$$

式（5-8）为齐次线性方程组，若要有非零解则必须有系数行列式等于零，也有

$$\det([K] - \omega^2[M]) = 0 \tag{5-9}$$

式中 $[M]$——结构的总质量矩阵。

可以采用子空间迭代法求解式（5-9）特征值问题。

5.2.4 引入边界条件、求解方程

整体分析后得到的方程式（5-6）是奇异的，需要进一步考虑结构的支撑条

件，即引入位移边界条件，使其可解。结构平衡方程是以总体刚度矩阵为系数的线性代数方程组，解此方程组便可求得未知的节点位移，然后，按式（5-3）可由节点位移求出单元的应力值。

5.3 ANSYS 10.0 简介

5.3.1 简介

ANSYS 软件是融合结构、热、流体、电磁、声学于一体的大型通用有限元分析软件，是目前最主要的 FEA 程序。该软件可在日常工作和生活中的大多数计算机及操作系统中运行，ANSYS 基于 Motif 的菜单系统使用户能够通过对话框、下拉式菜单和子菜单进行数据输入和功能选择，大大方便了用户操作。ANSYS 软件能与大多数 CAD 软件实现数据共享和交换，是现代产品设计中高级的 CAD/CAE 软件之一。ANSYS 文件几乎可以兼容目前世界上计算机中 95% 以上的产品系列，包括用于实验和航空航天上的巨型计算机。目前 ANSYS 软件可广泛用于一般工业及科学研究，如核工业、铁道、石油化工、轻工、航空航天、机械制造、国防军工、电子、土木工程等、日用家电等。另外，ANSYS 软件还可以求解多领域的工程或物理问题，即可以在同一有限元模型上进行多种耦合计算，如：热——结构耦合、磁——结构耦合等，同时在各种计算机上生成的有限元模型可以相互转化，如 PC 机和巨型计算机之间。ANSYS 10.0 秉承 Workbench 主旋律，提供给用户可供选择的全自动或个人控制的强大分析软件，使用户可以直接建立应力分析、电磁分析、计算流体动力学分析或多场耦合分析的模型。通过 CAD 系统的连通性，可以把模型扩展到上下游部件，最终完成整个模型的分析。

ANSYS 软件的主要特点如下：

（1）完备的前处理功能。ANSYS 软件不仅提供了强大的构造数学模型功能（实体建模及网格划分工具），而且还专门设有一些大型通用有限元软件的数据接口，并允许从这些程序中读取有限元模型数据，甚至材料特性和边界条件，完成 ANSYS 中的初步建模工作。此外，ANSYS 还具有近 200 种单元类型，这些丰富的单元特性能使用户方便而准确地构建出反映实际结构的仿真计算模型。

（2）强大的求解器。ANSYS 软件是目前世界上能够使多种物理场相互结合和交融运算的大型通用软件，使多种学科相互交叉，如结构学、热学、电磁学、声学等。在有限元分析软件 ANSYS 中，除了可以进行常规的静力学和动力学分析外，还可以解决高度非线性的动力分析、屈曲分析、可靠性分析等。ANSYS 中具有各种各样的求解器，这些求解器不但可以解决各种工程问题、适用于不同的有限元模型，而且具有多种数据接口，适应多种外接硬件配置。

（3）方便的后处理器。后处理指的是对求得的结果进行查看、分析和操作，如查看变形图、显示变形动画、绘等值线图、显示等值线动画等。ANSYS 的后处理部分非常方便，主要由 POST1 和 POST26 组成。用户根据需要对所求得的有限元模型结果进行后处理，其中，POST1 只能显示所求有限元模型在某一固定时刻的结果，而 POST26 可以显示所求有限元模型不同时间的结果。后处理结果可能包括应力、应变、温度和热流等，实际应用中后处理的输出形式主要是数据列表和图形显示。

（4）多种实用的二次开发工具。ANSYS 除了具有强度的建模、分析、运算功能外，同时还具有多种实用的二次开发功能，如用户界面设计语言（UIDL）、宏（Marco）、参数设计语言（APDL）等多种实用工具，其中 APDL（ANSYS Parametric Design Language）可以对有限元模型进行参数化建模，建模后输入一定的约束条件和任务，ANSYS 自动完成计算。

5.3.2 ANSYS 软件的功能

ANSYS 软件是一个功能强大、程序灵活的设计分析及优化软件包。是由美国 Swanson 分析系统公司（SASI）开发出的。该软件可在大多数计算机和操作系统中运行，其所有的产品系列和工作平台均兼容。ANSYS 有限元程序不仅能够分析已有结构在各种工况下的工作状况，而且还可以进行特定条件下的合理性设计。ANSYS 按功能作用可分为若干个处理器，包括一个前处理器、一个求解器、两个后处理器、几个辅助器等。ANSYS 文件（数据库文件、计算结果文件、图形文件等）可用于将数据从程序的一个部分传输到另一个部分、存储数据库以及存储程序输出。

5.3.3 ANSYS 有限元分析的三个阶段

有限元分析是一种模拟设计载荷条件，并且确定在载荷条件下的设计响应方法，是对真实情况的数值近似。ANSYS 有限元分析过程主要包括三个阶段：

（1）前处理：

需要先建立结构的几何模型，给出材料的参数和单元类型，最后划分网格，形成结构的有限元模型。ANSYS 软件提供了 160 多种单元，分别对应不同的分析类型和不同的材料。具体步骤如下：

第一步：实体建模。建立结构的几何模型，建立几何模型有两种方法：自底向上和自顶向下。

第二步：确定单元属性。包括定义实常数（要根据单元的几何特性来设置，有些单元没有实常数）；定义材料属性（在结构分析中必须输入材料的弹性模量和泊松比，在进行模态分析时要输入材料的密度等）；定义单元类型。

第三步：划分单元网格。常用网格的划分方法有自由网格划分（有无单元形状限制，网格也不遵循任何模式，适合于复杂形状的面和体网格划分）和映射网格划分（其要求面和体形状规则，即必须要满足一定准则，并且生成的单元尺寸依赖于当前的设置）ANSYS 提供了自适应网格的划分功能，程序可以自动分析网格划分所带来的误差，根据误差自动细化网格。

（2）求解分析及计算

具体步骤为：

第一步：施加约束条件；

第二步：施加载荷；

第三步：求解。

（3）后处理：

对计算结果进行分析整理归纳，具体步骤为：

第一步：查看分析结果；

第二步：检验结果的正确性。

5.4 机架的模态分析

模态分析用于设计结构或机器部件的振动特性，振动特性主要是固有频率和振型，它们是动态载荷结构设计中的重要参数。同时，模态分析也可以作为其他动力学分析问题（例如瞬态动力学分析、谐响应分析和谱分析等）的起点。

模态分析的作用包括：

（1）使结构设计避免共振或按特定频率进行振动；

（2）了解结构对不同类型的动力载荷的响应；

（3）有助于在其他动力学分析中估算求解控制参数。

模态分析主要由建模、加载及求解、扩展模态、观察结果四个步骤组成。

5.4.1 2130mm 冷连轧机介绍

鞍钢 2130mm 冷连轧机是目前国内规格最大、具有自主知识产权和世界领先水平的现代化五机架冷连轧机机组，也是冶金行业轧制高等级家用电器和汽车板材等产品的关键设备，具有广泛的实用价值。

该机组具有轧制速度高、年产量大、技术水平和自动化程度高等特点，它的产品规格厚度为 0.3 ~ 2.0mm，宽度 1000 ~ 1980mm。从机组的工艺参数确定到机组的设备选型、配置，完全由一重独立策划和提出，采用了液压式工作辊横移、工作辊传动轴随动、斜楔板面无淬火无润滑、点式升降换辊轨道、机械手上套筒和分体组合控制等技术，实现了带钢自动悬浮、自动翻转、人工双面打磨检查，满足了生产高级汽车面板所必备的工艺要求。2130mm 轧机联合机组自主集成了当代世界冷轧先进技术工艺，主轧机采用四辊、六辊混合机型、激光焊接、连续退火、三级计算机自动控制系统及多项能源、环保新工艺、新技术，使整条生产线达到了世界先进水平。

我国每年进口急需的汽车板材在 1500 万吨以上。单套 2130mm 酸洗-冷轧联合机组年产量为 200 万吨，它的问世不仅极大地缓解了我国汽车钢板的外采量，而且与国外同类设备相比，成本降低了四成。

该机组于 2006 年 3 月一次试轧成功，标志着我国大型、高装机水平的大型冷连轧机组完全依赖进口时代的结束，填补了国内空白，有效地推动了冶金装备的国产化进程，为我国冷连轧技术走向世界奠定了基础。

5.4.2 建立模型

由于 2130mm 冷连轧机 F1 机架振动较为明显，我们以其为研究对象。它由两片闭式机架和一根上横梁组成，两片闭式机架均为左右对称结构，其上部与上横梁之间用螺钉相连接，下部通过 8 个地脚螺栓及下底座与地面相连接。在对轧机机架进行动力学分析时，由于机架上的油孔和螺纹孔对机架的动力学影响小，可以忽略，所以对机架进行了简化，其结构尺寸如图 5-1 所示。

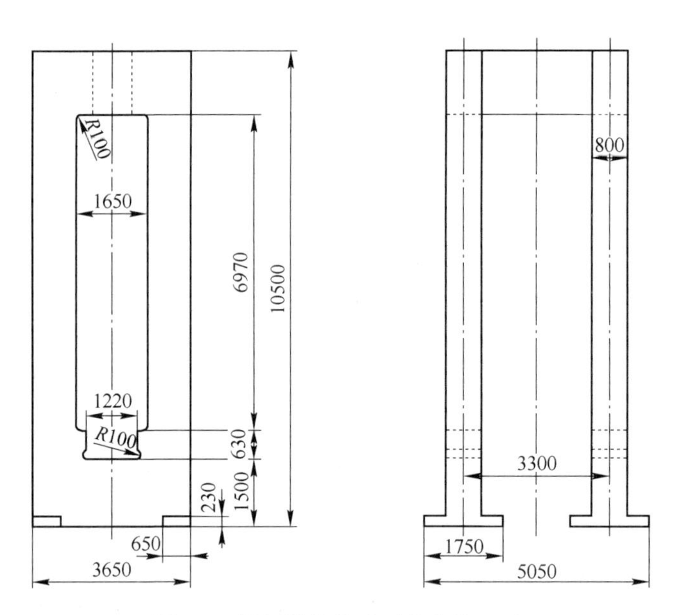

图 5-1 机架结构尺寸（单位为 mm）

机架的主要结构参数如下：

机架总高度：10500mm

立柱断面积：1000mm × 800mm

上横梁断面积：900mm × 1400mm

整个机架重量：358t

在 ANSYS 10.0 上直接建立机架的有限元模型，采用自底向上，即点→线→面的建模方式。建模前做如下两点假设：

（1）机架为一线性系统；

（2）机架材料各向同性，密度均匀分布。

5.4.3 网格划分、施加边界条件及求解

为保证计算结果的准确性，在划分网格之前，进行下列工作：

（1）选取单元类型为 structure solid brick 8 node 45，即 8 节点六面体单元；

（2）材料属性：弹性模量 $E = 2.1 \times 10^5$ MPa、泊松比 $\mu = 0.3$、密度 $\rho = 7.85 \times 10^3$ kg/m^3。由于网格划分的疏密及划分方式对模态分析的结果影响较小，因此采用 Mesh Tool 自动划分网格方式，机架网格如图 5-2 所示。

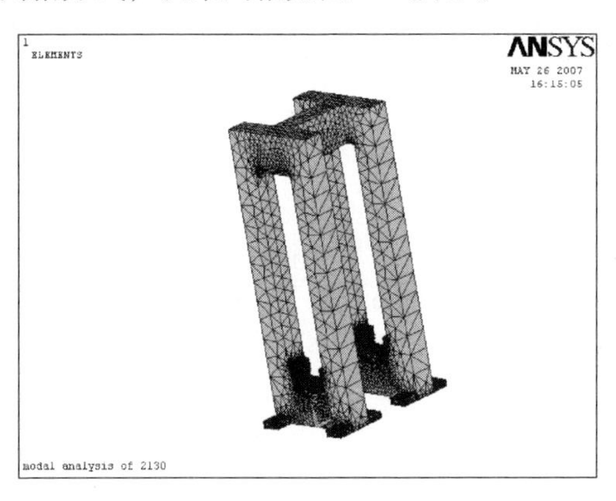

图 5-2 划分网格后的机架

由于子空间迭代法（subspace）是按照子空间迭代技术，内部使用广义雅可比（Jacobi）迭代算法，又采用完整的［K］和［M］矩阵，计算精度高，而且子空间迭代法又是求解固有频率和主振型的常用且有效的方法，所以在设置模态分析的算法时我们采用此方法。为了找到和提取机架的典型模态，我们设置机架的模态阶数为 15 阶。根据机架的实际安装情况，在加载时，对机架的八个脚的下底面施加 X、Y、Z 三个方向的零约束。

5.4.4 扩展模态及观察结果

为了正确地观察结果，进行了模态扩展，即扩展振型，将振型写入结果文件。机架的典型模态如图 5-3 所示。

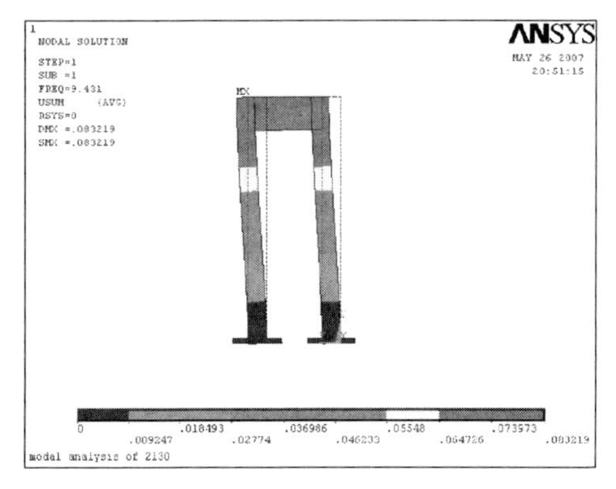
NODAL SOLUTION
STEP=1
SUB =1
FREQ=9.431
USUM (AVG)
RSYS=0
DMX =.083219
SMX =.083219
ANSYS
MAY 26 2007
20:51:15
MX
0
.009247
.018493
.02774
.036986
.046233
.05548
.064726
.073973
.083219
modal analysis of 2130

(a)

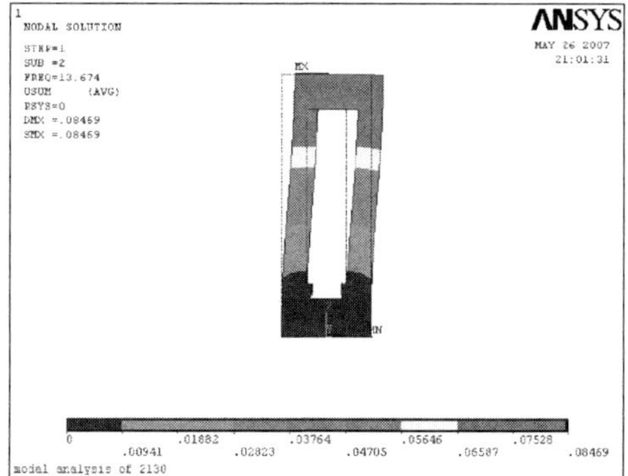
NODAL SOLUTION
STEP=1
SUB =2
FREQ=13.674
USUM (AVG)
RSYS=0
DMX =.08469
SMX =.08469
ANSYS
MAY 26 2007
21:01:31
MX
MN
0
.00941
.01882
.02823
.03764
.04705
.05646
.06587
.07528
.08469
modal analysis of 2130

(b)

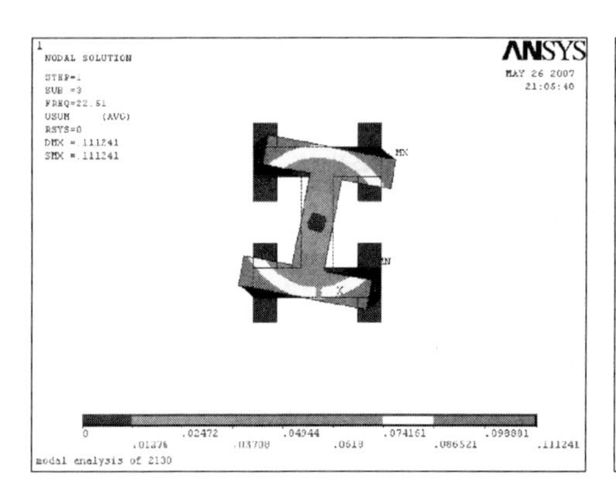
NODAL SOLUTION
STEP=1
SUB =3
FREQ=22.51
USUM (AVG)
RSYS=0
DMX =.111241
SMX =.111241
ANSYS
MAY 26 2007
21:05:40
MX
MN
0
.02472
.04944
.074161
.098881
.086521
.111241
modal analysis of 2130

(c)

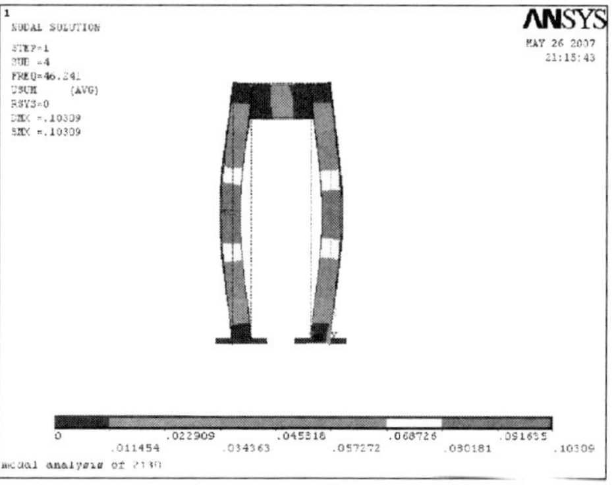
NODAL SOLUTION
STEP=1
SUB =4
FREQ=46.241
USUM (AVG)
RSYS=0
DMX =.10309
SMX =.10309
ANSYS
MAY 26 2007
21:15:43
0
.011454
.022909
.034363
.045818
.057272
.068726
.080181
.091635
.10309

(d)

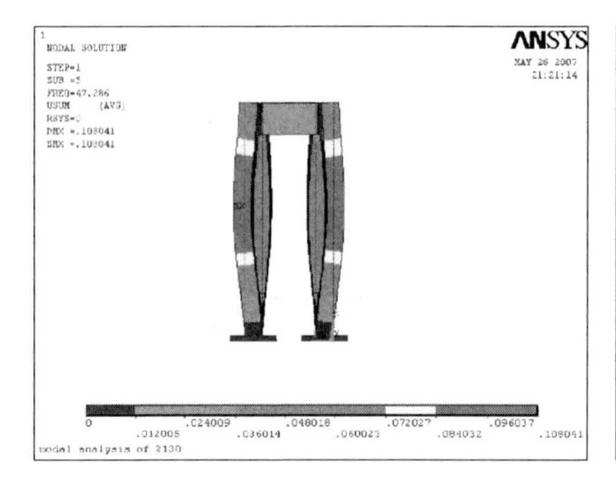
NODAL SOLUTION
STEP=1
SUB =5
FREQ=47.286
USUM (AVG)
RSYS=0
DMX =.108041
SMX =.108041
ANSYS
MAY 26 2007
21:21:14
0
.012005
.024009
.036014
.048018
.060023
.072027
.084032
.096037
.108041
modal analysis of 2130

(e)

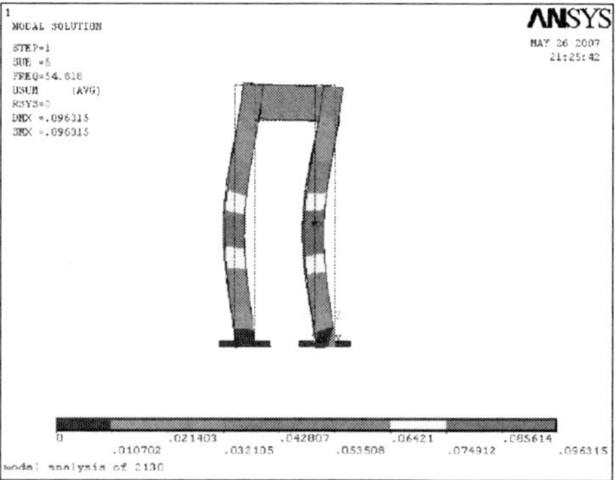
NODAL SOLUTION
STEP=1
SUB =6
FREQ=54.818
USUM (AVG)
RSYS=0
DMX =.096315
SMX =.096315
ANSYS
MAY 26 2007
21:25:42
0
.010702
.021403
.032105
.042807
.053508
.06421
.074912
.085614
.096315
modal analysis of 2130

(f)

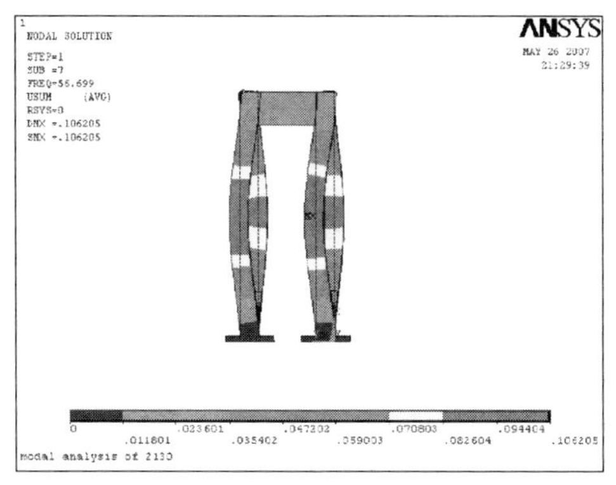

(g)

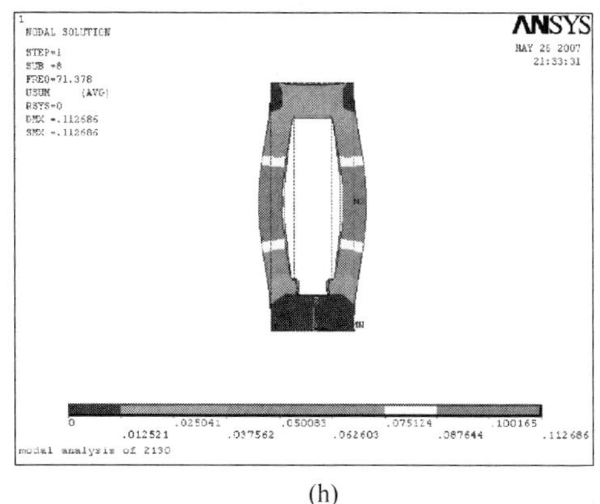

(h)

(i)

图 5-3　机架的各阶模态

(a) 机架第 1 阶模态；(b) 机架第 2 阶模态；(c) 机架第 3 阶模态；(d) 机架第 4 阶模态；(e) 机架第 5 阶模态；(f) 机架第 6 阶模态；(g) 机架第 7 阶模态；(h) 机架第 8 阶模态；(i) 机架第 13 阶模态

5.4.5　机架各阶典型模态结果分析

在对机架各阶典型模态结果分析之前，强调两点：

(1) 对于图中坐标系，X 轴方向为轧材流动方向，Y 轴方向为轧辊轴向方向，Z 轴方向为竖直向上。

(2) 沿带材流动的方向（X 轴方向）看，选择轧机的左侧为传动侧，右侧为操作侧。

机架各阶典型模态结果分析如下：

图 5-3 (a) 为机架第 1 阶模态振型，固有频率 $f_1=9.431\text{Hz}$，此图为左视图，由图可见，该阶振型为机架绕 X 轴方向前后摆动，机架顶部发生的变形最大。

图 5-3 (b) 为机架第 2 阶模态振型，固有频率 $f_2=13.674\text{Hz}$，此图为主视

图，由图可见，该阶振型为反对称振型，即机架绕 Y 轴方向左右摆动，机架顶部发生的变形最大。

图 5-3（c）为机架第 3 阶模态振型，固有频率 f_3 = 22.51Hz，此图为俯视图，由图可见，该阶振型为扭转振型，即机架顶部绕整个机架的对称中心线顺时针扭转，立柱伴随相应的弯曲变形，且机架顶部四角发生的变形最大。

图 5-3（d）为机架第 4 阶模态振型，固有频率 f_4 = 46.241Hz，此图为左视图，由图可见，该阶振型为机架传动侧的立柱中部与操作侧的立柱中部对称向外弯曲，且四根立柱中部发生的弯曲变形最大，机架顶部无变形。

图 5-3（e）为机架第 5 阶模态振型，固有频率 f_5 = 47.286Hz，此图为左视图，由图可见，沿 X 轴方向看，前面的两根立柱中部对称向内弯曲，后面的两根立柱中部对称向外弯曲，四根立柱中部发生的弯曲变形最大。

图 5-3（f）为机架第 6 阶模态振型，固有频率 f_6 = 54.818Hz，此图为左视图，由图可见，四根立柱均发生二阶弯曲，且机架下部分立柱的中部发生的弯曲变形最大。

图 5-3（g）为机架第 7 阶模态振型，固有频率 f_7 = 56.699Hz，此图为左视图，由图可见，沿 X 轴方向看，前面的两根立柱中部均向操作侧弯曲，后面的两根立柱中部均向传动侧弯曲，且四根立柱中部发生的弯曲变形最大。

图 5-3（h）为机架第 8 阶模态振型，固有频率 f_8 = 71.378Hz，此图为主视图，由图可见，该阶振型为对称振型，即传动侧两根立柱的中部和操作侧两根立柱的中部分别对称向外弯曲，且四根立柱中部发生的弯曲变形最大。

图 5-3（i）为机架第 13 阶模态振型，固有频率 f_{13} = 96.393Hz，由图可见，该阶振型为垂直振型，即整个机架发生垂直振动，且机架上横梁发生的变形最大。

5.5 利用解析法对机架进行动力学分析

利用结构力学理论，用极简单的模型或计算方法对计算机的计算结果作间接的核实。它不仅能说明某些难以置信的结果，还可防止明显或不明显的错误，保证计算过程中不致遗漏某些重要部分或引入太多的琐碎枝节以造成浪费。利用结构力学理论求解机架几种典型振型的固有频率，然后与 ANSYS 有限元法的计算结果进行对比，以此互相验证两种计算方法的正确性，为工程实践中估算结构的动力学特性提供简便而实用的计算方法。另外，通过此方法可以找出影响轧机机架动力学特征的主要结构尺寸参数，为轧机机架结构的设计和改进提供参考和依据。

在进行结构动力分析时，经常需要计算结构的固有频率和振型。对于多自由度体系或无限自由度体系来说，采用精确法求解，计算都比较繁杂，甚至难于求解。因此，常采用一些计算简单但又有一定精度的近似解法，来求解一些典型振型的固有频率。其中一类是将结构给以简化假设，在不改变结构的刚度和质量分布的情况下，根据一定准则求得结构频率的近似值，如能量法。另一类是将体系的质量分布加以简化，求得体系的频率和振型的近似解，如等效质量法。

5.5.1 等效质量法求解机架固有频率

机架的第1阶固有频率，是该结构最容易发生的振型频率，应用等效质量法计算比较简单。这一方法是将原体系以某一单自由度体系来代替，然后利用公式计算其频率，也就是要设法找出一个集中质量 m 及其所在的位置，使其产生的振动频率与原体系的最小频率相近。等效质量所在位置不同，对应的 m 值也将不同；若位置一经确定，则对应的 m 值也就随之确定。第1阶模态固有频率计算简图如图5-4所示。

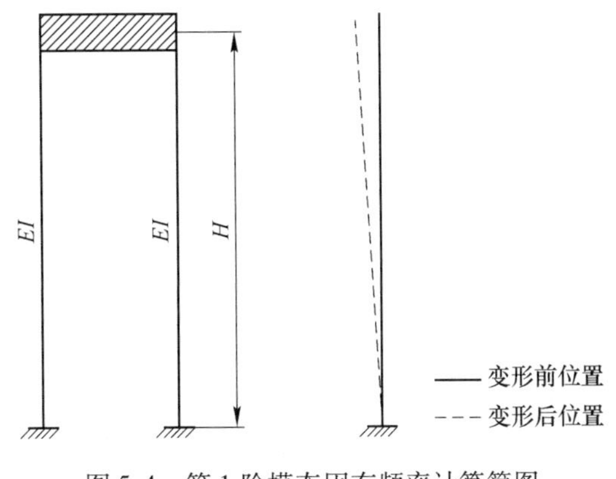

图5-4 第1阶模态固有频率计算简图

主要结构参数如下：

E—— 弹性模量，取 2.1×10^{11} Pa；

ρ—— 体积密度，取 7.85×10^{3} kg/m^3；

$H=8.3$m；

$I=\frac{1}{12}\times1\times0.8^3=0.042667\text{m}^4$。

具体计算过程如下：

（1）机架的等效质量 M_{11}：

$$M_{11}=2M_1+M_l+4\xi M_h \tag{5-10}$$

式中 M_1 ——单片机架中上横梁的质量，$M_1=(3.65\times1.4\times0.8)\times7.85\times10^3=3.20908\times10^4$kg；

M_l ——整个机架上横梁的质量，$M_l=(2.5\times1.4\times0.9)\times7.85\times10^3=2.47275\times10^4$kg；

M_h ——机架单根立柱的质量，$M_h=(1\times0.8\times7.6)\times7.85\times10^3=4.7728\times10^4$kg。

ξ ——集中质量系数，$\xi=0.371$；

f ——每根立柱的柔度，$f=\frac{H^3}{12EI}$。

$$M_{11} = 2 \times 3.20908 \times 10^4 + 2.47275 \times 10^4 + 4 \times 0.371 \times 4.7728 \times 10^4 = 1.5974 \times 10^5 \text{kg}$$

（2）机架的柔度f_{11}：

$$\omega_1 = \sqrt{\frac{1}{M_{11} \cdot f_{11}}} \tag{5-11}$$

$$\begin{aligned} f_{11} &= \frac{1}{4} f \\ &= \frac{1}{4} \times \frac{8.3^3}{12 \times 2.1 \times 10^{11} \times 0.042667} \\ &= \frac{1}{4} \times 5.3179 \times 10^{-9} \\ &= 1.3295 \times 10^{-9} \text{m/N} \end{aligned}$$

（3）第 1 阶模态的固有频率f_1：

$$\begin{aligned} \omega_1 &= \sqrt{\frac{1}{M_{11} \cdot f_{11}}} \\ &= \sqrt{\frac{1}{1.5974 \times 10^5 \times 1.3295 \times 10^{-9}}} \\ &= 68.62 \text{rad/s} \end{aligned}$$

$$f_1 = \frac{\omega_1}{2\pi} = \frac{68.62}{2 \times 3.14} = 10.927 \text{Hz}$$

（4）解析法与有限元法的结果比较：

吻合率：$\alpha = \dfrac{10.927}{9.431} \times 100\% = 115.86\%$

结论：从吻合率来看，解析法计算所得第 1 阶固有频率 10.927Hz 与有限元法得到的第 1 阶固有频率 9.431Hz 产生的误差为 15.86%，在误差范围内是一致的。产生误差的原因主要是因为在利用解析法计算机架的固有频率时，没有充分考虑上横梁和机架顶部之间的相互作用。

5.5.2 能量法求解机架（反对称振型）固有频率

能量法（又叫瑞雷法）是计算自振频率比较有效的方法之一。根据能量守恒定律，当体系以某个频率自由振动时，在不考虑阻尼的情况下，体系无能量损失，因而在任意时刻，体系动能与变形位能之和为一常数，当体系在振动中达到幅值的时刻，动能为零，而变形位能达到最大值；反之，当体系经过静平衡位置的瞬间时，动能有最大值，而变形位能为零，即得出如下关系式：

$$U_{max} = V_{max} \tag{5-12}$$

式中　U_{max}——最大变形位能；

V_{max}——最大动能。

利用如上关系式即可确定频率的表达式。

从机架的第 2 阶模态可以看出，其振型为绕 Y 轴左右摆动的反对称振型。根据机架结构的对称性和振动的协调性，为便于对其结构进行分析和简化计算，取单片机架为研究对象。第 2 阶模态固有频率计算简图如图 5-5 所示，将单片机架简化为一个由机架立柱和上横梁的中性轴组成的钢架，图中 AB 段和 CD 段相当于两根立柱，BC 段相当于上横梁。假设刚架 B 点处承受水平力 P 的作用，在其作用下形成反对称振型，求其固有频率。

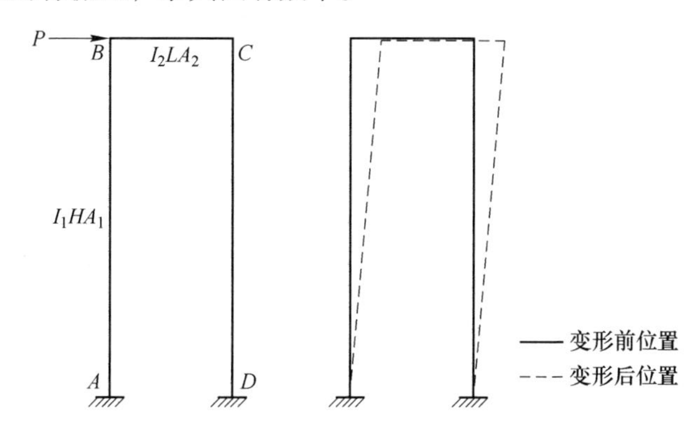

图 5-5　第 2 阶模态固有频率计算简图

主要结构参数如下：

E——弹性模量，取 2.1×10^5 MPa；

ρ——体积密度，取 7.85×10^3 kg/m^3；

A_1——立柱截面积，1000mm × 800mm；

A_2——横梁截面积，1400mm × 800mm；

$I_1=\frac{1}{12}\times800\times1000^3\text{mm}^4$；

$I_2=\frac{1}{12}\times800\times1400^3\text{mm}^4$；

$H=8300$mm；

$L=2650$mm。

具体计算过程如下：

（1）第 2 阶模态的固有频率 f_2：

设

$$K=\frac{I_2H}{I_1L}=\frac{\frac{1}{12}\times800\times1400^3\times8300}{\frac{1}{12}\times800\times1000^3\times2650}=8.5944$$

$$n_1 = 2 + K = 2 + 8.5944 = 10.5944$$

$$n_2 = 1 + 6K = 1 + 6 \times 8.5944 = 52.5664$$

在 AB 段:

$$M(x) = \frac{P}{2}x - \left(\frac{1+3K}{2n_2}\right)HP \tag{5-13}$$

因为

$$M = EI\ddot{y} \tag{5-14}$$

故

$$\frac{d^2y}{dx^2} = \frac{1}{EI_1}\left(\frac{P}{2}x - \frac{1+3K}{2n_2}HP\right) \tag{5-15}$$

$$\theta(x) = \frac{dy}{dx} = \frac{1}{EI_1}\left(\frac{Px^2}{4} - \frac{1+3K}{2n_2}HPx\right) + C \tag{5-16}$$

$$y = \frac{1}{EI_1}\left(\frac{Px^3}{12} - \frac{1+3K}{4n_2}HPx^2\right) + Cx + D \tag{5-17}$$

由边界条件: $x = 0$、$\theta_A = 0$、$y_A = 0$ ，得出: $C = 0$、$D = 0$

即

$$\theta(x) = \frac{dy}{dx} = \frac{1}{EI_1}\left(\frac{Px^2}{4} - \frac{1+3K}{2n_2}HPx\right) \tag{5-18}$$

$$y = \frac{1}{EI_1}\left(\frac{Px^3}{12} - \frac{1+3K}{4n_2}HPx^2\right) \tag{5-19}$$

$x = H$ 时，得

$$y_B = \Delta = \frac{1}{EI_1}\left(\frac{PH^3}{12} - \frac{1+3K}{4n_2}PH^3\right) \tag{5-20}$$

外力功代替变形能 U_{max}

$$U_{max} = \frac{1}{2}P\Delta \tag{5-21}$$

$$U_{max} = \frac{1}{2}P\frac{PH^3}{EI_1}\left(\frac{1}{12} - \frac{1+3K}{4n_2}\right) = \frac{P^2H^3}{2EI_1}\left(\frac{1}{12} - \frac{1+3K}{4n_2}\right) \tag{5-22}$$

则两根立柱最大动能 V_{1max}

$$V_{1max} = 2 \times \frac{1}{2}\omega^2 \int_0^H m_h y^2(x)\,dx \tag{5-23}$$

式中 m_h ——立柱单位长度的质量。

$$V_{1max} = m_h\omega^2 \int_0^H \left[\left(\frac{1}{EI_1}\right)^2 \left(\frac{Px^3}{12} - \frac{1+3K}{4n_2}HPx^2\right)^2\right]dx$$

$$V_{1max} = \frac{m_h\omega^2}{(EI_1)^2}\int_0^H \left[\frac{P^2x^6}{144} + \frac{(1+3K)^2}{16n_2^{\ 2}}H^2P^2x^4 - \frac{(1+3K)HP^2x^5}{24n_2}\right]dx$$

$$V_{1max} = \frac{m_h\omega^2}{(EI_1)^2}\left[\frac{P^2H^7}{144 \times 7} + \frac{(1+3K)^2H^7P^2}{16 \times 5n_2^{\ 2}} - \frac{(1+3K)H^7P^2}{24 \times 6n_2}\right] \tag{5-24}$$

横梁的水平动能 V_{2max}

$$V_{2\max} = \frac{1}{2}M_l \cdot v^2 = \frac{1}{2} \cdot \frac{m_l}{m_h} \cdot L \cdot \omega^2 \cdot \frac{P^2 H^6}{(EI_1)^2}\left(\frac{1}{12} - \frac{1+3K}{4n_2}\right)^2 \tag{5-25}$$

式中　m_l——横梁单位长度的质量。

根据

$$U_{\max} = V_{1\max} + V_{2\max} \tag{5-26}$$

得

$$\frac{P^2H^3}{2EI_1}\left(\frac{1}{12} - \frac{1+3K}{4n_2}\right) = \frac{m_h\omega^2}{(EI_1)^2}\left[\frac{P^2H^7}{144\times 7} + \frac{(1+3K)^2H^7P^2}{16\times 5n_2^2} - \frac{(1+3K)H^7P^2}{24\times 6n_2}\right] + \frac{1}{2} \cdot \frac{m_l}{m_h} \cdot L \cdot \omega^2 \cdot \frac{P^2H^6}{(EI_1)^2}\left(\frac{1}{12} - \frac{1+3K}{4n_2}\right)^2$$

$$\omega^2 = \frac{EI_1}{m_hH^4} \frac{\frac{1}{2}\left(\frac{1+3K}{4n_2} - \frac{1}{12}\right)}{\frac{1}{144\times 7} + \frac{(1+3K)^2}{80{n_2}^2} - \frac{1+3K}{144n_2} + \frac{1}{2} \cdot \frac{m_l}{m_h} \cdot \frac{L}{H}\left(\frac{1}{12} - \frac{1+3K}{4n_2}\right)^2}$$

$$\omega = \frac{\sqrt{\frac{EI_1}{\rho A_1}}}{H^2}\sqrt{\frac{1}{2}} \sqrt{\frac{\frac{1+3K}{4n_2} - \frac{1}{12}}{\frac{1}{144\times 7} + \frac{(1+3K)^2}{80n_2^2} - \frac{1+3K}{144n_2} + \frac{A_2L}{2A_1H}\left(\frac{1}{12} - \frac{1+3K}{4n_2}\right)^2}} \tag{5-27}$$

即

$$\omega_2 = 95.5683\text{rad/s}$$

$$f_2 = \frac{\omega_2}{2\pi} = \frac{95.5683}{2\times 3.14} = 15.218\text{Hz}$$

(2) 解析法与有限元法的结果比较：

吻合率：$\alpha = \frac{15.218}{13.674}\times 100\% = 111.29\%$。

结论：从吻合率来看，解析法计算所得第 2 阶固有频率 15.218Hz 与有限元法得到的第 2 阶固有频率 13.674Hz 产生的误差为 11.29%，在误差范围内是一致的。

5.5.3 能量法求解机架（对称振型）固有频率

具体计算过程如下：

(1) 第 8 阶模态的固有频率 f_8：

第 8 阶模态振型为对称振型，根据机架结构的对称性和振动的协调性，为便于对其结构进行分析和简化计算，取单片机架为研究对象。第 8 阶模态固有频率计算简图如图 5-6 (a) 所示，将单片机架简化为一个由机架立柱和上横梁的中性轴组成的钢架，图中 *AC* 段和 *BD* 段相当于两根立柱，*AB* 段相当于上横梁。设刚架 *AB* 段中央承受集中质量 *W* 的作用，在其作用下形成对称振型，假定振动曲线与在 *AB*

段中央作用集中力 P 时的挠曲线相似，求其固有频率具体计算过程如下。

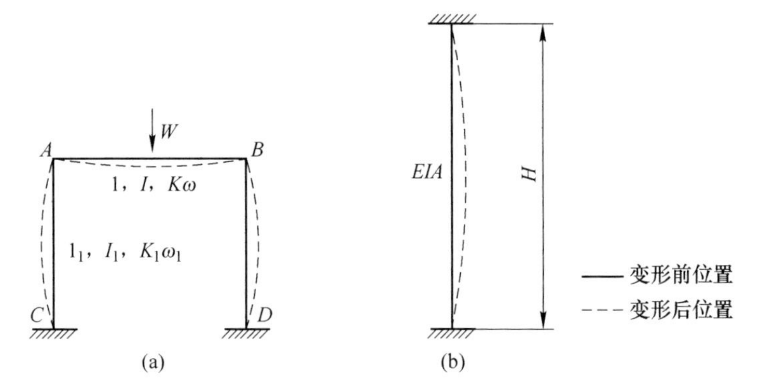

图 5-6 第 8 阶模态固有频率计算简图

AB 杆的挠曲线为：

$$y_{AB} = \frac{1}{EI}\left[\frac{P}{48}(3l^2x - 4x^3) - \frac{1}{2}M_{AB}(lx - x^2)\right]$$

$$= \frac{P}{48EI}[3l^2(1-k)x + 3klx^2 - 4x^3] \tag{5-28}$$

$$y_{x=\frac{l}{2}} = y_0 = \frac{(4-3k)Pl^3}{192EI}$$

$$y_{AB}^2 = \left(\frac{P}{48EI}\right)^2\left[\begin{matrix}9(1-k)^2l^4x^2 + 18k(1-k)l^3x^3 - 3 \\ (8-8k-3k^2)l^2x^4 - 24klx^5 + 16x^6\end{matrix}\right]\int_0^{\frac{l}{2}} y_{AB}^2\mathrm{d}x$$

$$= \frac{(168k^2 - 427k + 272)P^2l^7}{28\times40\times48\times48E^2I^2}$$

立柱 AC 的挠曲线为：

$$y_{AC} = -\frac{1}{4El_1I_1}M_{AC}(l_1x^2 - x^3)$$

$$= -\frac{Plk}{32El_1I_1}(l_1x^2 - x^3) \tag{5-29}$$

$$\int_0^{l_1} y_{AC}^2\mathrm{d}x = \frac{P^2l^2k^2l_1^5}{16\times64\times105E^2I_1^2}$$

$$\int\omega y^2\mathrm{d}x + Wy_0^2 = Wy_0^2 + 2\int_0^{\frac{l}{2}}\omega y_{AB}^2\mathrm{d}x + 2\int_0^{l_1}\omega_1 y_{AC}^2\mathrm{d}x$$

$$= W\left[\frac{(4-3k)Pl^3}{192EI}\right]^2 + \frac{2\omega(168k^2 - 427k + 272)P^2l^7}{28\times40\times48\times48E^2I^2} + \frac{2P^2l^2k^2l_1^2\omega_1}{16\times64\times105E^2I_1^2}$$

位能等于外力 P 所给定的能量 $\frac{1}{2}Py_0$

$$\int EI\left(\frac{d^2y}{dx^2}\right)^2 dx = Py_0 = \frac{(4-3k)P^2l^3}{192EI}$$

代入

$$T = 2\pi\sqrt{\frac{\int_0^l \omega y^2 dx + Wy_0^2}{g\int_0^l EI\left(\frac{d^2y}{dx^2}\right)^2 dx}}$$

有

$$T = 2\pi\sqrt{\frac{(4-3k)Wl^3}{192gEI} + \frac{(168k^2-427k+272)\omega l^4}{6720(4-3k)gEI} + \frac{k^2m_1\omega_1 l_1^4}{280(4-3k)gEI_1}} \quad (5\text{-}30)$$

在计算机架的对称振型的固有频率时 $W=0$，机架在对称振型时的固有频率计算公式为：

$$f = \frac{1}{T} = \frac{1}{2\pi\sqrt{\frac{(168k^2-427k+272)\omega l^4}{6720(4-3k)gEI} + \frac{k^2m_1\omega_1 l_1^4}{280(4-3k)gEI_1}}} \quad (5\text{-}31)$$

式中，$m_1 = \frac{K}{K_1}$，$k = \frac{2K_1}{K+2K_1}$。

根据单片机架中两根立柱的距离 L 与其上横梁的高度 B（保持不变为1400mm）的比值的不同情况，我们分别采用有限元法与解析法（式（5-31））两种方法研究了单片机架在对称振型时的固有频率，并进行了对比，结果见表5-1。

表5-1 对称振型的固有频率及吻合率

结果 \ L/B	2	3	4	5	6	7	8
有限元法 f/Hz	70.72	64.84	59.7	53.37	45.36	41.68	35.68
解析法 f_1/Hz	173.4	128.7	94.57	69.92	52.88	41.08	32.74
吻合率 $\alpha = \frac{f_1 \times 100\%}{f}$/%	245.2	198.5	158.4	131	116.6	98.56	91.76

从上表可以看出，当 $L/B \geqslant 6$ 时，式（5-31）才适用。而对于2130mm冷连轧机单片机架来说，两根立柱的距离 L 为3650mm，上横梁高度 B 为1400mm，$L/B<6$，所以不适合本式。根据机架实际变形情况，把单个立柱简化成两端固定的梁来计算，如图5-6（b）所示，主要结构参数及具体计算过程如下：

主要结构参数：

E——弹性模量，取 2.1×10^{11} Pa；

A——立柱截面积，为 1m ×0.8m；

ρ——体积密度，取 7.85×10^{3} kg/m^{3}；

$I=\frac{1}{12}\times0.8\times1^{3}\text{m}^{4}$；

$H=8.3$m。

$$\omega_8=\frac{22.373}{H^2}\sqrt{\frac{E}{\rho}}\sqrt{\frac{I}{A}} \tag{5-32}$$

$$\omega_8=\frac{22.373}{H^2}\sqrt{\frac{E}{\rho}}\sqrt{\frac{I}{A}}=484.9\text{rad/s}$$

$$f_8=\frac{484.9}{6.28}=77.213\text{Hz}$$

（2）解析法与有限元法的结果比较：

吻合率：$\alpha=\frac{77.213}{71.318}\times100\%=108.27\%$。

结论：从吻合率来看，解析法计算所得第 8 阶固有频率 77.213Hz 与有限元法得到的第 8 阶固有频率 71.318Hz 产生的误差为 8.27%，在误差范围内是一致的。

5.5.4 能量法求解机架第 4 阶模态固有频率

具体计算过程如下：

（1）第 4 阶模态的固有频率 f_4：

对于机架第 4 阶模态来说，操作侧立柱和传动侧对应的立柱形成对称振型，其简化模型如图 5-7（a）所示。根据机架实际变形情况，把单个立柱简化成一端固定、一端铰接的梁来计算，如图 5-7（b）所示。

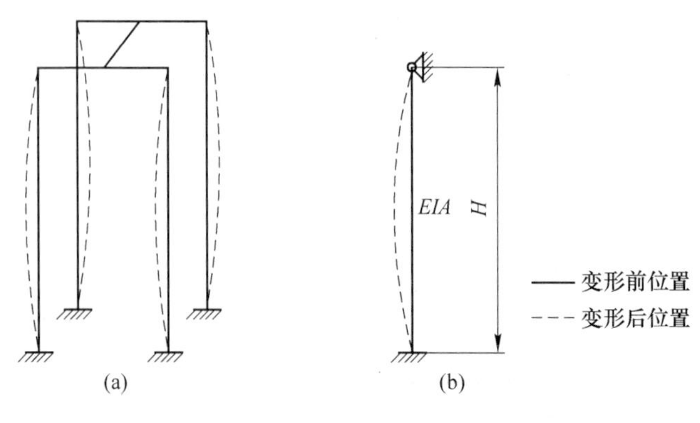

图 5-7 机架第 4 阶模态简化模型

主要结构参数如下：

E——弹性模量，取 2.1×10^{11}Pa；

A——立柱截面积，为 1m×0.8m；

ρ——体积密度，取 7.85×10^{3} kg/m^3；

$I=\frac{1}{12}\times1\times0.8^3\text{m}^4$；

$H=8.3$m。

具体计算如下：

$$\omega_4=\frac{15.42}{H^2}\sqrt{\frac{E}{\rho}}\sqrt{\frac{I}{A}}$$

$$=267.537\text{rad/s}$$

$$f_4=\frac{267.537}{6.28}=42.6\text{Hz}$$

（2）解析法与有限元法的结果比较：

吻合率：$\alpha=\frac{42.6}{46.241}\times100\%=92.126\%$。

结论：从吻合率来看，解析法计算所得第 4 阶固有频率 42.6Hz 与有限元法得到的第 4 阶固有频率 46.241Hz 产生的误差为 7.874%，在误差范围内是一致的。

5.5.5 等效质量法求解机架（垂振）固有频率

机架在 13 阶模态时发生垂直振动，轧机垂直振动是金属板带生产领域普遍存在的问题，振动使带材产生大幅度的厚度波动，也可能在带材表面留下明暗相间的横向条纹，甚至引起断带，造成轧制过程中断等问题。因此，掌握和了解轧机的振动特性，对保证产品质量和轧制工艺具有十分重要的意义。机架第 13 阶模态固有频率计算简图如图 5-8 所示。

主要结构参数如下：

E——弹性模量，取 2.1×10^{11}Pa；

ρ——体积密度，取 7.85×10^{3} kg/m^3；

A_1——单个立柱横截面积；

L——立柱长度，取 9.1m。

具体计算过程如下：

（1）等效刚度 K：

$$K=\frac{EA}{L} \tag{5-33}$$

式中 A——机架立柱横截面面积之和，$A=4A_1=4\times1\times0.8=3.2\text{m}^2$。

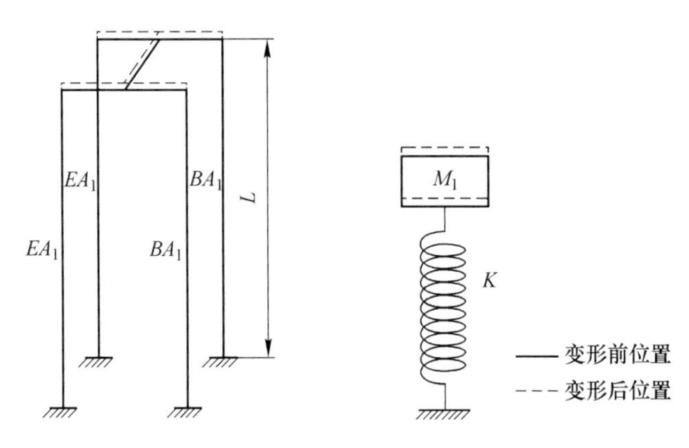

图 5-8 第 13 阶模态固有频率计算简图

$$K=\frac{2.1\times10^{11}\times3.2}{9.1}=7.3846\times10^{10}\text{N/m}$$

（2）等效质量 M'：

$$M' = 2M'_1 + M'_l + 4\cdot\xi\cdot M'_h$$

式中 M'_1——单片机架中上横梁的质量，$M'_1=(3.65\times1.4\times0.8)\times7.85\times10^3=3.20908\times10^4\text{kg}$；

M'_l——机架上横梁的质量，$M'_l=(2.5\times1.4\times0.9)\times7.85\times10^3=2.47275\times10^4\text{kg}$；

M'_h——机架单根立柱的质量，$M'_h=(1\times0.8\times9.1)\times7.85\times10^3=5.7148\times10^4\text{kg}$；

ξ——集中质量系数，$\xi=\frac{1}{3}$。

$$M'=2\times3.20908\times10^4+2.47275\times10^4+4\times\frac{1}{3}\times5.7148\times10^4$$

$$=1.651\times10^5\text{kg}$$

（3）第 13 阶模态（垂振）的固有频率 f_{13}：

$$\omega_{13}=\sqrt{\frac{K}{M'}}=\sqrt{\frac{7.3846\times10^{10}}{1.651\times10^5}}=668.79\text{rad/s} \tag{5-34}$$

$$f_{13}=\frac{\omega_{13}}{2\pi}=\frac{668.79}{2\times3.14}=106.495\text{Hz}$$

（4）解析法与有限元法的结果比较：

机架吻合率：$\alpha=\frac{106.495}{96.393}\times100\%=110.48\%$。

结论：从吻合率来看，解析法计算所得第 13 阶固有频率 106.495Hz 与有限元法得到的第 13 阶固有频率 96.393Hz 产生的误差为 10.48%，在误差范围内是一致的。

5.6 结构尺寸对垂直振动固有频率的影响

机架的垂直振动是轧机机架振动中最典型和最普遍的振动形式，同时也对轧机机架本身和产品质量产生相当大的影响。为了提高机架垂振的固有频率，减少共振的发生，考虑到机架的实际安装情况，在不改变机架窗口尺寸的情况下，从增加上横梁高度和立柱断面尺寸两个方面，通过运用有限元法来研究机架结构尺寸对其垂直振动固有频率的影响。考虑到机架结构的对称性和振动的协调性，为便于对其结构进行分析和简化计算，取单片机架为研究对象。

单片机架的原始尺寸：

窗口高度 $h=7.6\text{m}$，窗口宽度 $w=1.65\text{m}$，上横梁高度 $h_1=1.4\text{m}$，立柱宽度 $b=1\text{m}$，机架厚度 $t=0.8\text{m}$。

5.6.1 上横梁高度对垂振固有频率的影响

在其他尺寸保持不变的条件下，均匀地增加上横梁的高度 h_1，获得不同情况下机架的频率和重量值，见表 5-2。

表 5-2 不同上横梁高度下的固有频率及重量

高 h_1/m	1	1.2	1.4	1.6	1.8	2
频率/Hz	110.572	107.452	104.355	101.687	99.133	96.68
重量/t	156.648	161.23	165.814	170.4	174.984	179.57

从表 5-2 可以看出，当机架上横梁的高度均匀地从 1m 增加到 2m 的过程中，机架的频率由 110.572Hz 减少到 96.68Hz，但机架的重量由 156.648t 增加到 179.57t。

5.6.2 立柱断面尺寸对垂振固有频率的影响

机架立柱的断面尺寸包括立柱的宽度 b 和厚度 t（即机架的厚度）两个方面。

首先，研究在其他尺寸保持不变的条件下，均匀地增加立柱的宽度 b，获得不同情况下机架的频率和重量值，见表 5-3。

表 5-3 不同立柱宽度下的固有频率及重量

宽度 b/m	0.6	0.8	1	1.2	1.4	1.6
频率/Hz	105.742	105.96	104.355	102.057	99.272	96.627
重量/t	113.062	139.438	165.814	192.190	218.570	244.946

从表 5-3 可以看出，当机架立柱的宽度 b 均匀地从 0.6m 增加到 1.6m 的过程

中，机架的频率先由 105. 742Hz 增加到 105. 96Hz，然后再减少到 96. 627Hz，但机架的重量由 113. 062t 增加到 244. 946t。

其次，研究在其他尺寸保持不变的条件下，均匀地增加机架的厚度 t，获得不同情况下机架的频率和重量值，见表 5-4。

表 5-4　不同机架厚度下的固有频率及重量

厚度 t/m	0. 4	0. 6	0. 8	1	1. 2	1. 4
频率/Hz	110. 2	107. 493	104. 355	101. 459	98. 404	95. 612
重量/t	84. 02	124. 917	165. 814	206. 711	247. 61	288. 507

从表 5-4 可以看出，当机架的厚度 t 均匀地从 0. 4m 增加到 1. 4m 的过程中，机架的频率由 110. 2Hz 减少到 95. 612Hz，但机架的重量由 84. 02t 增加到 288. 507t。

5. 6. 3　机架垂振频率及重量曲线分析

按照表 5-2 ~ 表 5-4 所得数值分别绘制出上横梁高度、立柱宽度、机架厚度与机架垂振频率及机架重量的关系曲线，如图 5-9 和图 5-10 所示。

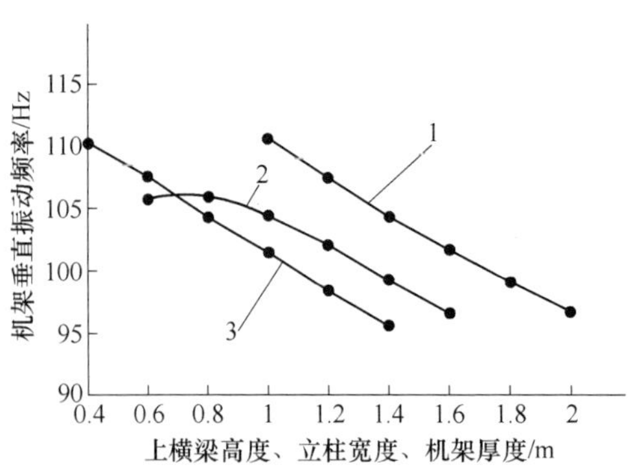

图 5-9　上横梁高度、立柱宽度、机架厚度与机架垂振频率的关系曲线
1—上横梁高度变化；2—立柱宽度变化；3—机架厚度变化

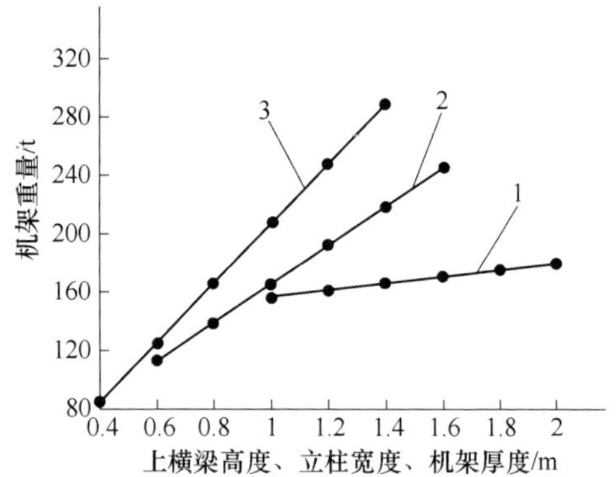

图 5-10　上横梁高度、立柱宽度、机架厚度与机架重量的关系曲线
1—上横梁高度变化；2—立柱宽度变化；3—机架厚度变化

从图 5-9 可以看出，随着上横梁高度、立柱宽度、机架厚度的增加，机架垂振的频率都逐渐减小，但是通过比较可以发现，随着上横梁高度的增加，机架垂振频率的减少较慢。因此，改变上横梁的高度是优化轧机结构尺寸最有效的方法。

从图 5-10 可以看出，随着上横梁高度、立柱宽度、机架厚度的增加，机架的重量都逐渐增加，但是，机架厚度的变化使机架的重量快速的增加，立柱宽度的变化对机架重量的影响次之，而上横梁高度的变化对机架重量的影响最小，因此，改变上横梁的高度经济的方法。

根据2130mm冷连轧机机架的结构尺寸，利用ANSYS 10.0建立了机架的有限元模型，进行了模态分析，得出了机架典型模态的固有频率及振型图，并对其进行了分析。利用解析法对机架的第1阶模态、第2阶反对称振型模态、第8阶对称振型模态、第4阶模态和第13阶垂振振型模态五种典型模态的固有频率进行了计算，并与有限元法的结果进行了对比，从而既相互验证了两种计算方法的正确性，又为工程实践中估算结构的固有频率提供了简便而实用的计算方法。

考虑到垂直振动的典型性，在其他尺寸保持不变的情况下，通过分别改变上横梁高度、立柱宽度和机架厚度，得出了不同条件下机架的固有频率和重量，并绘制了三者与固有频率和重量的关系曲线，从而进一步得出了改变上横梁高度是优化机架结构尺寸最有效也是最经济的方法，为轧机机架的结构设计奠定了理论基础。

6 1450mm 轧机振动分析

6.1 轧机机架的动力学分析

轧机机架是轧机的重要部件，在轧制过程中，机架要承受很大的轧制力。由于在咬钢和脱钢的时候产生的冲击振动对轧机机架所造成的破坏性也比较严重，往往会导致轧机机架地脚螺栓的松动、机架构件松动损坏、带钢出现振痕等现象。因此，机架不仅要有足够的刚度和强度，还要对其动力学特性进行分析，掌握其振动特性，保证其稳定性。

从目前相关的冷连轧机机组的振动情况可知，末架的自激振动是最先形成而且是最强烈的。对于鞍钢冷轧厂 1450mm 冷连轧联合机组来说，第五机架最易优先发生垂直振动，因此以第五架轧机为例进行研究。由于是对轧机机架进行动力学分析，而非刚度和强度计算，所以对机架的某些部位进行了简化，其结构尺寸如图 6-1 所示。

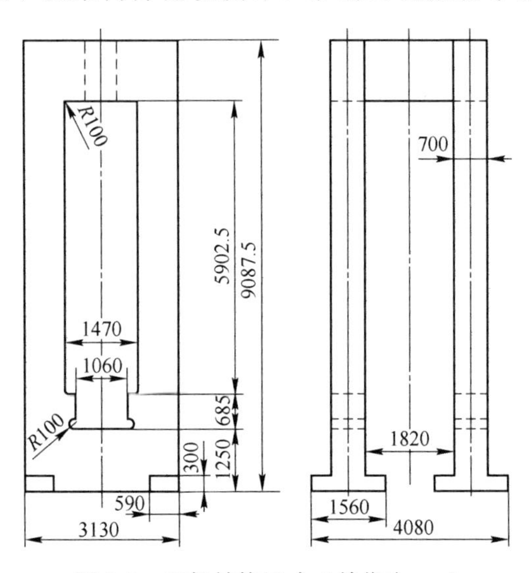

图 6-1 机架结构尺寸（单位为 mm）

6.1.1 机架有限元模态分析

6.1.1.1 模型建立及网格划分

根据图 6-1 所给的尺寸，在 ANSYS 中建立轧机机架完整的有限元模型。为了保证计算结果的准确性，整个结构采用 8 节点 SOLID45 六面体单元类型，弹性模量 $E=2.1\times10^{11}$Pa、泊松比 $\mu=0.3$、密度 $\rho=7.85\times10^{3}\text{kg/m}^{3}$。

由于网格划分的疏密及划分方式对模态分析的结果影响较小，因此使用自由划分网格方式对体进行划分，其机架网格如图 6-2 所示。

6.1.1.2 轧机机架的固有频率

利用所建立的机架有限元模型，根据机架的安装情况及轧制过程中的受力情

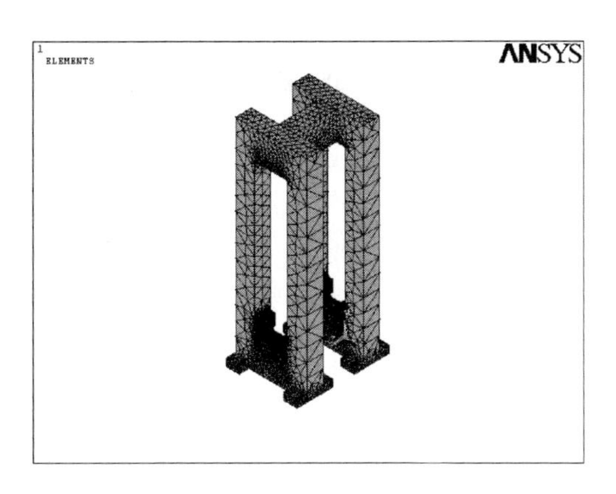

图 6-2 机架网格划分图

况，机架地脚螺栓连接处为刚性约束，分别在左右下端地脚的表面施加 X、Y、Z 三个方向位移为零的约束，求得机架前 13 阶固有频率及各阶纵向变形量见表 6-1。

表 6-1 轧机机架各阶固有频率和纵向变形量

阶数	固有频率 f/Hz	最小变形量/m	最大变形量/m
1	12.194	-0.299×10^{-3}	0.2929×10^{-3}
2	15.845	-0.357×10^{-3}	0.357×10^{-3}
3	27.539	-0.404×10^{-3}	0.398×10^{-3}
4	55.698	-0.367×10^{-3}	0.367×10^{-3}
5	58.898	-0.447×10^{-3}	0.466×10^{-3}
6	68.009	-0.839×10^{-3}	0.861×10^{-3}
7	68.252	−0.00128	0.00124
8	80.875	-0.868×10^{-3}	0.650×10^{-3}
9	82.546	-0.774×10^{-3}	0.832×10^{-3}
10	92.767	−0.001664	0.001702
11	94.305	−0.001611	0.001645
12	106.694	-0.876×10^{-3}	0.908×10^{-3}
13	120.145	-0.245×10^{-4}	0.003406

从表 6-1 可看出，轧机纵向变形较大为第 13 阶频率 $f_{13}=120.45\text{Hz}$。由于此阶频率处在轧机第三倍频程垂直振动的范围内，极有可能会加剧垂直振动对辊缝的影响，从而影响带材厚度。因此，在对轧机进行结构动力学设计和安装时，应尽量避开轧机垂直振动的敏感区域，使轧机顺利实现其设计要求，而不发生强烈振动现象。

6.1.2 利用解析法求解典型振型固有频率

利用结构力学理论，用极简单的模型或计算方法对计算机的计算结果做间接的核实。它不仅能说明某些难以置信的结果，还可防止明显或不明显的错误，保证计算过程中不致遗漏某些重要部分或引入太多的琐碎枝节以造成浪费。利用结构力学理论求解机架几种典型振型的固有频率，然后与 ANSYS 有限元法的计算结果进行对比，以此互相验证两种计算方法的正确性，为工程实践中估算结构的动力学特性提供简便而实用的计算方法。另外，通过此方法可以找出影响轧机机架动力学特征的主要结构尺寸参数，为轧机机架结构的设计和改进提供参考和依据。

在进行结构动力分析时，经常需要计算结构的固有频率和振型。对于多自由度体系或无限自由度体系来说，采用精确法求解，计算都比较繁杂，甚至难于求解。因此，常采用一些计算简单但又有一定精度的近似解法来求解一些典型振型的固有频率。其中一类是将结构给以简化假设，在不改变结构的刚度和质量分布的情况下，根据一定准则求得结构频率的近似值，如能量法。另一类是将体系的质量分布加以简化，求得体系的频率和振型的近似解，如等效质量法。

6.1.2.1 运用等效质量法计算第 1 阶固有频率

图 6-3（a）为机架的第 1 阶模态振型，其振动固有频率为 $f_1 = 12.194\text{Hz}$，该阶振型为机架沿着轧辊轴向方向前后摆动，机架顶部发生的变形最大。

机架的第 1 阶固有频率，是该结构最容易发生的振型频率，应用等效质量法计算比较简单。等效质量法是将原体系以某一单自由度体系来代替，然后利用公式计算其频率，也就是要设法找出一个集中质量 m 及其所在的位置，使其产生的振动频率与原体系的最小频率相近。等效质量所在位置不同，对应的 m 值也将不同；若位置一经确定，则对应的 m 值也就随之确定。根据第 1 阶模态振型，将其简化为平面刚架如图 6-3（b）所示。

根据图 6-3 对机架的第 1 阶振型进行计算，其主要结构参数和具体计算过程如下：

主要结构参数如下：

E——弹性模量，$E = 2.11 \times 10^{11}\text{Pa}$；

ρ——体积密度，$\rho = 7.85 \times 10^3\text{kg/m}^3$；

$H = 8.1725\text{m}$；

$I = \frac{1}{12} \times 0.83 \times 0.7^3 = 0.02372\text{m}^4$。

具体计算过程如下：

（1）机架的等效质量 M_{11}（根据第 5 章公式可知）：

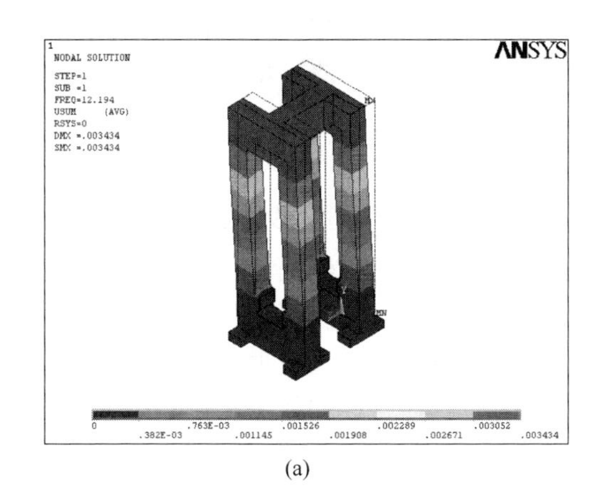

(a)

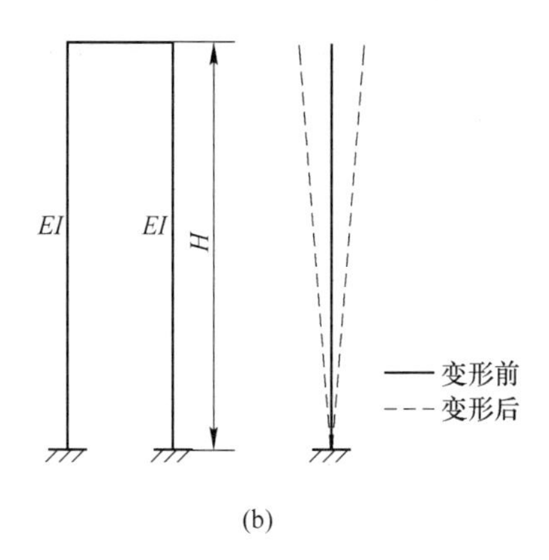

(b)

图 6-3 机架第 1 阶模态振型（a）和固有频率计算简图（b）

$$M_{11} = 2M_1 + M_l + 4\xi M_h \tag{6-1}$$

式中 M_1——单片机架中上横梁的质量，$M_1 = (3.13 \times 1.25 \times 0.7) \times 7.85 \times 10^3 = 2.14992 \times 10^4 \text{kg}$；

M_l——整个机架上横梁的质量，$M_l = (0.73 \times 1.4 \times 1.82) \times 7.85 \times 10^3 = 1.28283 \times 10^4 \text{kg}$；

M_h——机架单根立柱的质量，$M_h = (0.83 \times 0.7 \times 6.607) \times 7.85 \times 10^3 = 3.01335 \times 10^4 \text{kg}$；

ξ——集中质量系数，$\xi = 0.371$；

f——每根立柱的柔度，$f = \dfrac{H^3}{12EI}$。

$$M_{11} = 2 \times 2.14992 \times 10^4 + 1.28282 \times 10^4 + 4 \times 0.371 \times 3.01335 \times 10^4 = 1.00545 \times 10^5 \text{kg}$$

（2）机架的柔度 f_{11}：

$$f_{11} = \frac{1}{4}f = \frac{1}{4} \times \frac{8.1725^3}{12 \times 2.1 \times 10^{11} \times 0.0237241} = 2.2829 \times 10^{-9} \text{m/N}$$

（3）第 1 阶模态的固有频率 f_1：

$$\omega_1 = \sqrt{\frac{1}{M_{11}f_{11}}} = \sqrt{\frac{1}{1.00545 \times 10^5 \times 2.2829 \times 10^{-9}}} = 66.005 \text{rad/s}$$

$$f_1 = \frac{\omega_1}{2\pi} = \frac{66.005}{2 \times 3.14} = 10.51 \text{Hz}$$

（4）解析法与有限元法的结果比较：

吻合率：$\alpha = \dfrac{10.51}{12.194} \times 100\% = 86.2\%$。

结论：从吻合率来看，解析法计算所得第 1 阶固有频率 10.51Hz 与有限元法得到的第 1 阶固有频率 12.194Hz 的吻合率为 86.2%。因此，用解析法与有限元法计算出的第 1 阶固有频率在误差范围内是一致的。

6.1.2.2　运用能量法计算第 5 阶固有频率

图 6-4（a）为机架第 5 阶模态振型，固有频率 $f_5 = 58.898\text{Hz}$，此图为左视图，由图可见，该阶振型为机架传动侧的立柱中部与操作侧的立柱中部对称向外弯曲，且四根立柱中部发生的弯曲变形最大，机架顶部无变形。对于机架第 5 阶模态来说，操作侧立柱和传动侧对应的立柱形成对称振型。根据机架实际变形情况，将其简化成一端固定、一端铰接的梁计算，其简化模型如图 6-4（b）所示。

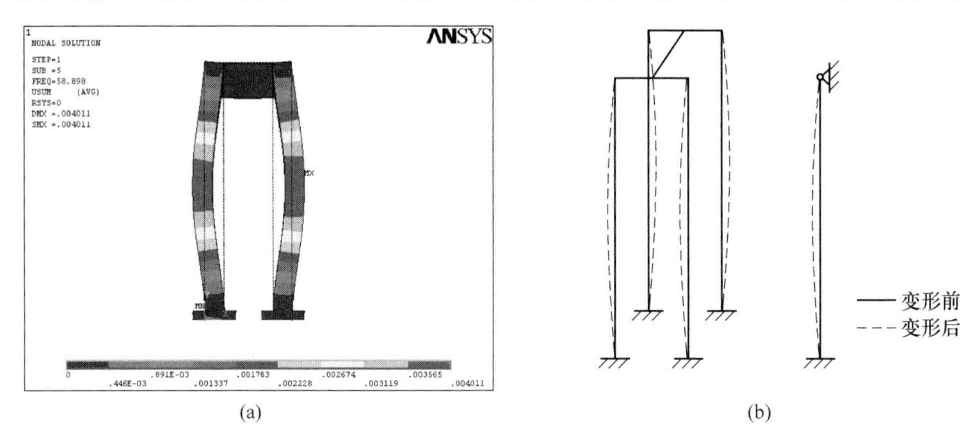

图 6-4　机架第 5 阶模态振型（a）和固有频率计算简图（b）

其主要结构参数及具体计算过程如下：

E——弹性模量，$E = 2.1 \times 10^{11}\text{Pa}$；

A——立柱截面积，$A = 0.83 \times 0.7\text{m}^2$；

ρ——体积密度，$\rho = 7.85 \times 10^3\text{kg/m}^3$；

$I = \frac{1}{12} \times 0.83 \times 0.7^3 = 0.02372\text{m}^4$；

$H = 7.2125\text{m}$。

具体计算过程如下：

（1）第 5 阶模态的固有频率 f_5：

$$\omega_5 = \frac{15.42}{H^2} \cdot \sqrt{\frac{E}{\rho}} \cdot \sqrt{\frac{I}{A}} = 309.81\text{rad/s} \tag{6-2}$$

$$f_5 = \frac{\omega_5}{2\pi} = \frac{309.81}{6.28} = 49.333\text{Hz}$$

（2）解析法与有限元法的结果比较：

吻合率：$\alpha = \dfrac{49.333}{58.898} \times 100\% = 84\%$。

结论：从吻合率来看，解析法计算所得第 5 阶固有频率 49.333Hz 与有限元法得到的第 5 阶固有频率 58.898Hz 的吻合率达到 84%。因此，用解析法与有限元法计算出的第 5 阶固有频率在误差范围内是一致的。

6.1.2.3 运用等效质量法计算第 13 阶固有频率

图 6-5（a）为机架第 13 阶模态振型，固有频率 $f_{13} = 120.145\text{Hz}$，此时机架发生垂直振动，且机架上横梁发生的变形最大。

轧机垂直振动是金属板带生产领域普遍存在的问题，振动使带材产生大幅度的厚度波动，也可能在带材表面留下明暗相间的横向条纹，甚至引起断带，造成轧制过程中断等问题。因此，掌握和了解轧机的振动特性，对保证产品质量和轧制工艺具有十分重要的意义。

根据第 13 阶模态振型，将其振型进行简化为一质量弹簧系统如图 6-5（b）所示，并进行计算。

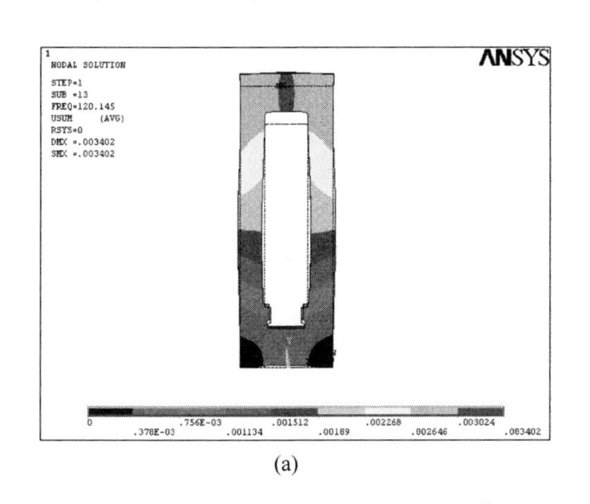

(a)

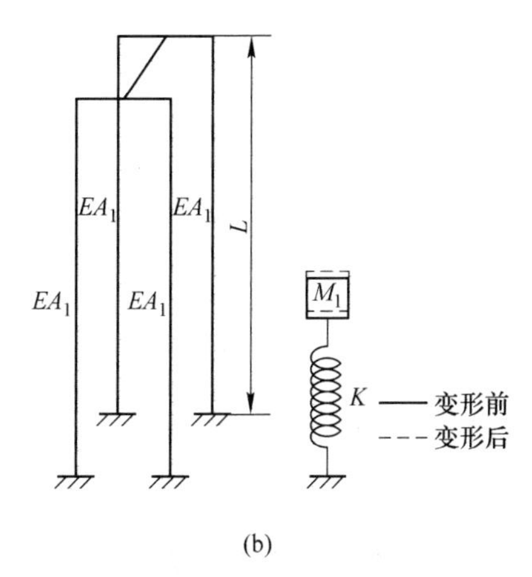

(b)

图 6-5 机架第 13 阶模态振型（a）和固有频率计算简图（b）

主要结构参数如下：

E——弹性模量，$E = 2.1 \times 10^{11}\text{Pa}$；

ρ——体积密度，$\rho = 7.85 \times 10^{3}\text{kg/m}^{3}$；

A_1——单个立柱横截面面积；

L——立柱长度，$L = 8.1625\text{m}$。

具体计算过程如下：

（1）等效刚度 K：

$$K = \frac{EA}{L} \tag{6-3}$$

式中 A——机架立柱横截面面积之和：

$$A = 4A_1 = 4 \times 0.83 \times 0.7 = 2.324\text{m}^2$$

$$K = \frac{2.1 \times 10^{11} \times 2.324}{8.1625} = 5.9791 \times 10^{10}\text{N/m}$$

（2）等效质量 M'：

$$M' = 2M'_1 + M'_l + 4\xi M'_h \tag{6-4}$$

$$M'_1 = (3.13 \times 1.23 \times 0.7) \times 7.85 \times 10^3 = 2.14992 \times 10^4\text{kg}$$

$$M'_l = (0.73 \times 1.4 \times 1.82) \times 7.85 \times 10^3 = 1.28283 \times 10^4\text{kg}$$

$$M'_h = (0.83 \times 0.7 \times 6.607) \times 7.85 \times 10^3 = 3.01335 \times 10^4\text{kg}$$

$$M' = 2 \times 2.14992 \times 10^4 + 1.28283 \times 10^4 + 4 \times \frac{1}{3} \times 3.01335 \times 10^4$$

$$= 0.96005 \times 10^5\text{kg}$$

式中 M'_1——单片机架中上横梁的质量；

M'_l——整个机架上横梁的质量；

M'_h——机架单根立柱的质量；

ξ——集中质量系数，$\xi = \frac{1}{3}$。

（3）第 13 阶模态（垂振）的固有频率 f_{13}：

$$\omega_{13} = \sqrt{\frac{K}{M'}} = \sqrt{\frac{5.9791 \times 10^{10}}{0.96005 \times 10^5}} = 789.172\text{rad/s} \tag{6-5}$$

$$f_{13} = \frac{\omega_{13}}{2\pi} = \frac{789.172}{2 \times 3.14} = 125.664\text{Hz}$$

（4）解析法与有限元法的结果比较：

吻合率：$\alpha = \frac{120.145}{125.664} \times 100\% = 95.61\%$。

结论：从吻合率来看，解析法计算所得第 13 阶固有频率 126.145Hz 与有限元法得到的第 13 阶固有频率 120.145Hz 吻合率为 95.61%。因此，用解析法与有限元法计算出的第 13 阶固有频率在误差范围内是一致的。

6.1.3 结构参数对垂直振动的影响分析

机架的垂直振动是轧机机架振动中最典型和最普遍的振动形式，同时对轧机机架本身和产品质量产生相当大的影响。为了提高机架垂振的固有频率，减少共振的发生，考虑到机架的实际安装情况，通过改变机架部分结构尺寸，计算其对垂直振动固有频率的影响。考虑到机架结构的对称性和振动的协调性，为便于对其结构进行分析和简化计算，取单片机架为研究对象。

6.1.3.1 上横梁高度对垂振固有频率的影响

在保持机架其他尺寸不变的条件下，均匀地增加上横梁的高度 h_1 ，获得不同情况下机架的频率和重量值，见表6-2。

表 6-2 不同上横梁高度下的固有频率及重量

高度 h_1/m	1	1.2	1.4	1.6	1.8	2
频率 f/Hz	132.56	126.035	121.703	117.07	112.834	108.965
重量/t	87.4051	95.3168	101.164	108.044	114.924	121.803

从表6-2 可以看出，当机架上横梁的高度均匀地从1m 增加到2m 的时候，机架的重量由 87.4051t 增加到 121.8038t，然而机架的频率由 132.56Hz 减少到 108.965Hz。

6.1.3.2 机架立柱的断面尺寸对其垂振固有频率的影响

机架立柱的断面尺寸包括立柱的宽度 b 和厚度 t , t 为机架的厚度。因此分别从单独改变立柱的宽度 b 和单独改变立柱的厚度 t 两方面讨论:

（1）保持其他尺寸不变的条件下，均匀地增加立柱的宽度 b ，得到不同情况下机架的频率和重量值，见表 6-3。

表 6-3 不同立柱宽度下的固有频率及重量

宽度 b/m	0.4	0.6	0.8	1	1.2	1.4
频率/Hz	98.965	114.0287	126.035	132.74	139.0446	144.156
重量/t	74.502	84.183	95.317	103.546	113.227	122.909

从表 6-3 可以看出，当机架的立柱宽度 b 均匀地从 0.4m 增加到 1.4m，机架的重量由 74.502t 增加到 122.909t，机架的固有频率由 98.965Hz 增加到 130.828Hz。

（2）保持其他尺寸不变的条件下，研究机架垂直振动的固有频率，通过均匀地增加机架的厚度 t ，获得不同情况下机架的频率和重量值，见表 6-4。

表 6-4 不同机架厚度下的固有频率及重量

厚度 t/m	0.5	0.7	0.9	1.1	1.3	1.5
频率 f/Hz	122.771	126.035	127.962	129.236	130.267	130.828
重量/t	91.749	95.317	118.885	142.453	166.021	189.589

从表 6-4 可以看出，当机架的厚度 t 均匀地从 0.5m 增加到 1.5m，机架的重量由 91.749t 增加到 189.589t，机架的固有频率由 122.771Hz 增加到 130.828Hz。

结论：通过改变机架各部分的参数，进行动态特性分析，得出其发生垂直振动时的固有频率，对分析轧机机架的振动类型、判断振源，确定抑振措施具有重要意义，为轧机机架的设计提供了可靠的理论依据。

6.2 轧辊的动力学分析

轧辊由辊身、辊颈和辊头三部分组成。辊颈安装在轴承中，并通过轴承座和压下装置把轧制力传给机架。通常在实际工作中，轧辊由于传动侧、操作侧工作状况的不同，其结构也不尽相同。为了得到更精确的仿真结果，故采用与实际接近的完整模型进行模态分析。考虑第五机架最易优先发生垂直振动，所以在本书中，对于轧机系统的垂直振动研究也以第五机架的轧辊为主。

6.2.1 轧辊的有限元分析

6.2.1.1 工作辊的有限元分析

第五机架工作辊的主要工艺参数如图 6-6 所示。

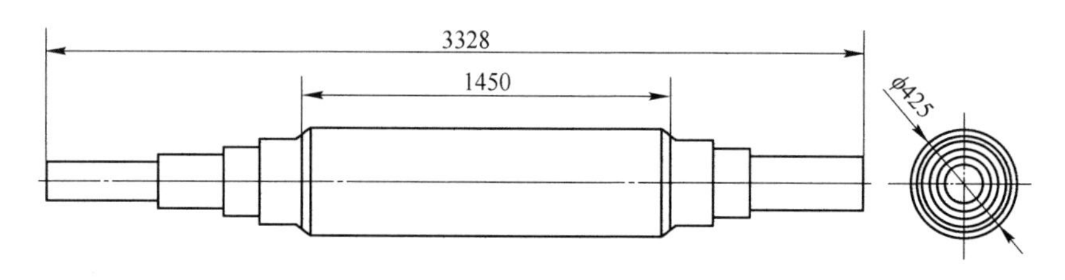

图 6-6 工作辊尺寸示意图（单位为 mm）

现采用 8 节点 SOLID45 六面体单元对工作辊进行划分网格。其划分结果如图 6-7 所示。

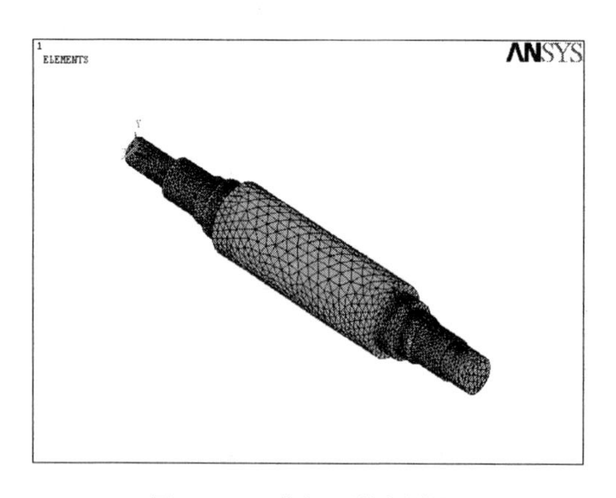

图 6-7 工作辊网格划分图

在工作辊的轴颈端面分别施加防止轧辊横向窜动的 X、Y、Z 三个方向位移为零的约束，对工作辊进行模态分析。并以工作辊纵向变形量为研究对象，求得工作辊前10阶固有频率和各阶纵向变形量，见表6-5。

表6-5 轧机工作辊各阶固有频率和纵向变形量

阶数	固有频率f/Hz	最小变形量/m	最大变形量/m
1	78.935	-0.484×10^{-5}	0.020424
2	79.096	-0.01624	0.301×10^{-4}
3	159.24	-0.033843	0.033849
4	241.23	-0.024004	0.03095
5	241.701	-0.020031	0.015573
6	449.51	-0.001027	0.001047
7	560.60	-0.020442	0.051129
8	562.37	-0.18297	0.007863
9	926.32	-0.035214	0.077446
10	929.07	-0.021275	0.009703

根据分析结果可知，工作辊纵向变形较大的模态为f_3 = 159.24Hz，f_7 = 560.6Hz、f_9 = 926.32Hz三阶。其中，159.24Hz处在轧机垂直振动的第三倍频程范围内，560.6Hz处在第五倍频程范围内。在轧机系统的振动过程中，工作辊振动可能引起由于轧辊本身纵向变形而造成的辊缝变化，尤其是处于轧机垂直振动的第三倍频程范围内的轧辊变形，可能使辊缝的变化加剧，从而对板带厚度造成影响。

工作辊各阶模态振型如图6-8所示。

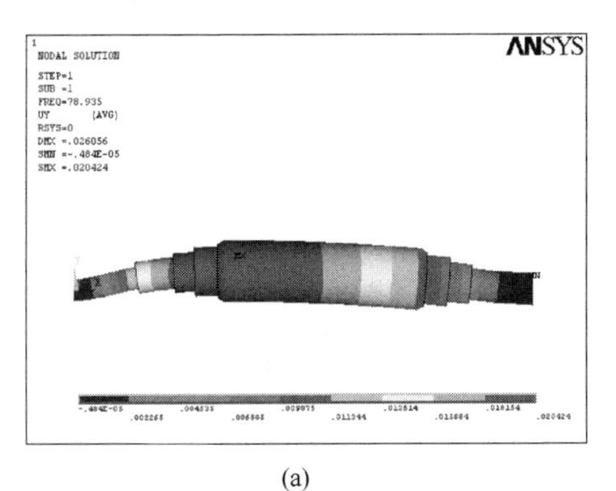

(a)

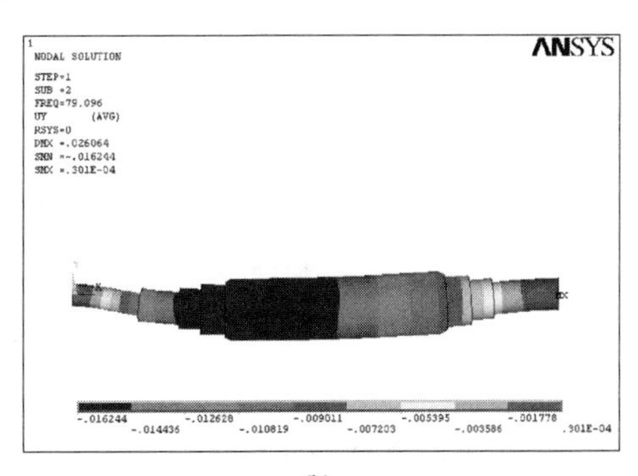

(b)

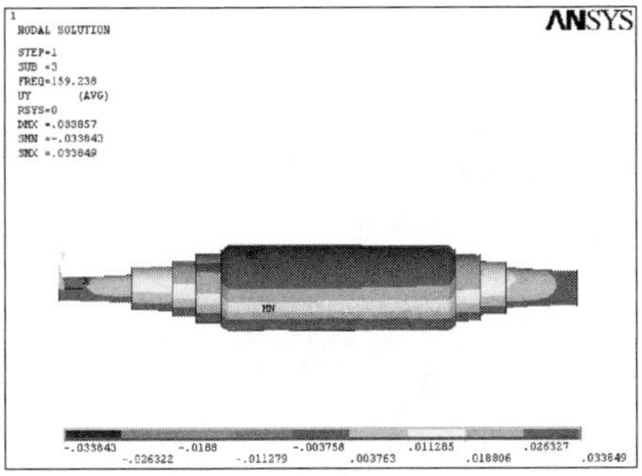

(c)

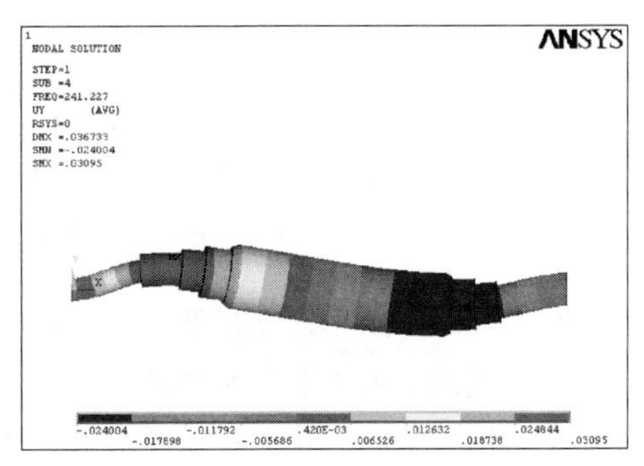

(d)

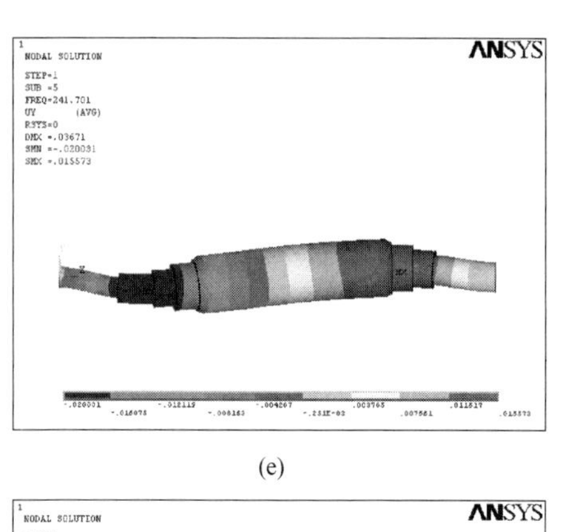

(e)

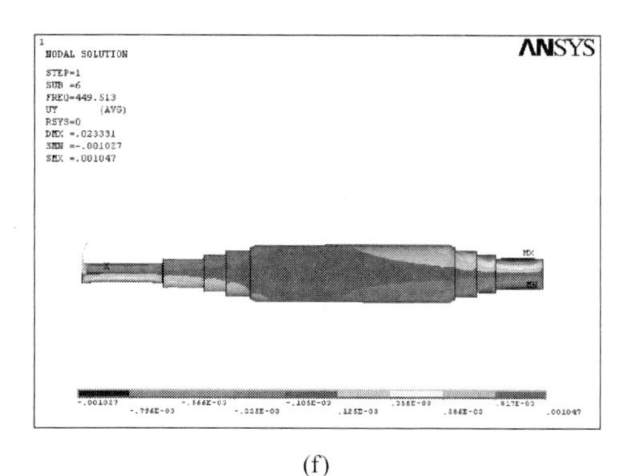

(f)

ANSYS
NODAL SOLUTION
STEP=1
SUB =7
FREQ=560.603
UY (AVG)
RSYS=0
DMX =.054203
SMN =-.020442
SMX =.051129

-.020442 -.01249 -.004538 .003415 .011367 .019319 .027272 .035224 .043176 .051129

(g)

ANSYS
NODAL SOLUTION
STEP=1
SUB =8
FREQ=562.365
UY (AVG)
RSYS=0
DMX =.054236
SMN =-.018297
SMX =.007863

(h)

ANSYS
NODAL SOLUTION
STEP=1
SUB =9
FREQ=926.322
UY (AVG)
RSYS=0
DMX =.079971
SMN =-.035214
SMX =.077446

-.035214 -.022696 -.010179 .002339 .014857 .027375 .039892 .05241 .064928 .07744

(i)

ANSYS
NODAL SOLUTION
STEP=1
SUB =10
FREQ=929.073
UY (AVG)
RSYS=0
DMX =.0803
SMN =-.021275
SMX =.009703

(j)

图 6-8 工作辊各阶模态

（a）工作辊第 1 阶模态；（b）工作辊第 2 阶模态；（c）工作辊第 3 阶模态；（d）工作辊第 4 阶模态
（e）工作辊第 5 阶模态；（f）工作辊第 6 阶模态；（g）工作辊第 7 阶模态；（h）工作辊第 8 阶模态
（i）工作辊第 9 阶模态；（j）工作辊第 10 阶模态

6.2.1.2 中间辊的有限元分析

中间辊的主要工艺参数如图 6-9 所示。

现采用 8 节点 SOLID45 六面体单元对中间辊进行划分网格。其划分结果如图 6-10 所示。

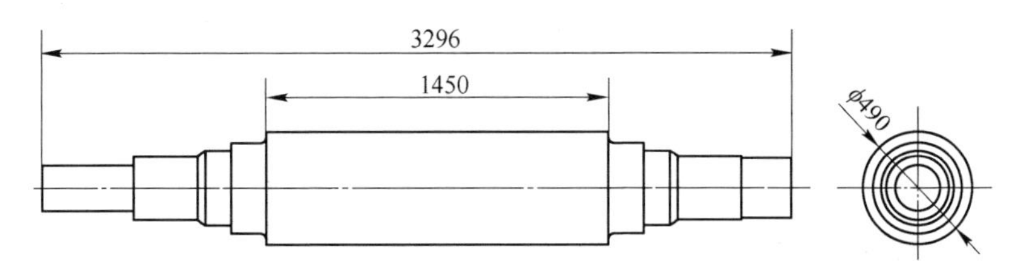

图 6-9 中间辊尺寸示意图（单位为 mm）

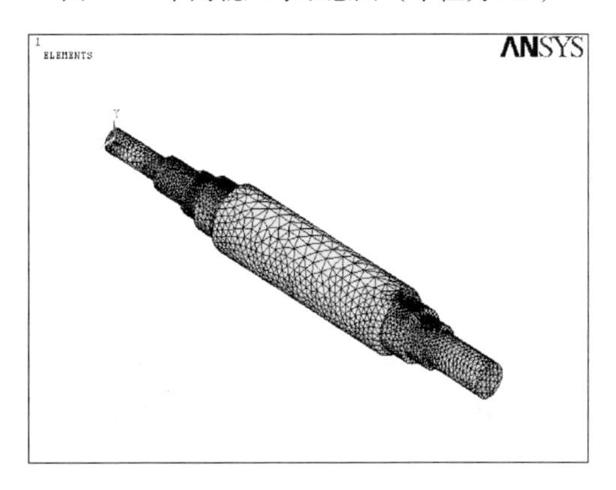

图 6-10 中间辊网格划分图

在中间辊的轴颈端面分别施加防止轧辊横向窜动的 X、Y、Z 三个方向位移为零的约束，对中间辊进行模态分析。以中间辊纵向变形量为研究对象，求得中间辊前 10 阶固有频率和各阶纵向变形量，见表 6-6。

表 6-6 轧机中间辊各阶固有频率和纵向变形量

阶数	固有频率 f/Hz	最小变形量/m	最大变形量/m
1	98.083	−0.006728	0.782×10^{-4}
2	98.257	0	0.020756
3	168.37	−0.029034	0.029039
4	284.257	−0.011607	0.010104
5	284.593	−0.023335	0.027108
6	473.535	−0.001055	0.001049
7	642.046	−0.015493	0.007739
8	642.594	−0.017815	0.037635
9	988.411	−0.037648	0.037711
10	1051.0	−0.029162	0.054225

从表 6-6 看出中间辊纵向变形量较大发生 $f_3=168.37\text{Hz}$，$f_8=642.594\text{Hz}$，$f_9=988.411\text{Hz}$，$f_{10}=1051\text{Hz}$。其中，168.37Hz 处在轧机垂直振动的第三倍频程范围内，642.594Hz 处在第五倍频程范围内。

中间辊各阶模态振型如图 6-11 所示。

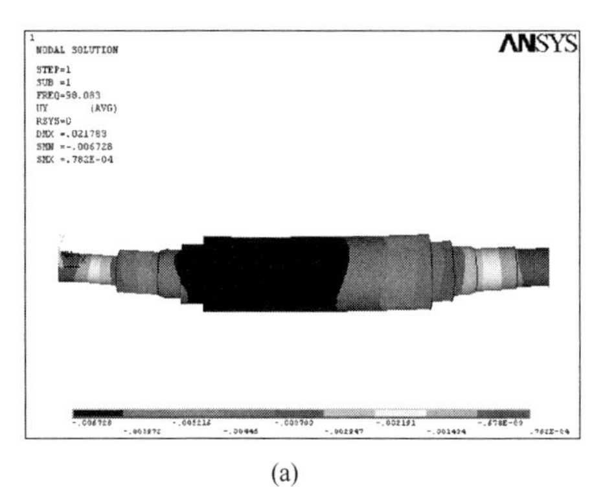
NODAL SOLUTION
STEP=1
SUB =1
FREQ=98.083
UY (AVG)
RSYS=0
DMX =.021783
SMN =-.006728
SMX =.782E-04
ANSYS

(a)

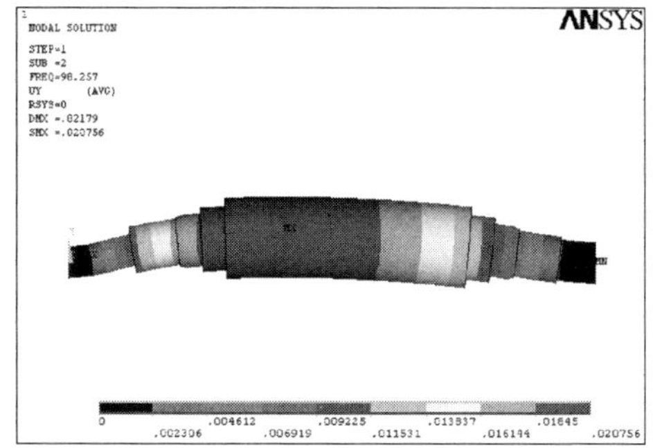
NODAL SOLUTION
STEP=1
SUB =2
FREQ=98.257
UY (AVG)
RSYS=0
DMX =.02179
SMX =.020756
ANSYS

(b)

(c)

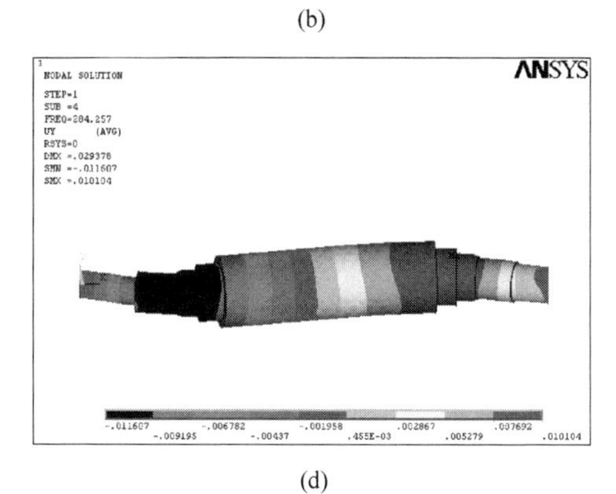
NODAL SOLUTION
STEP=1
SUB =4
FREQ=284.257
UY (AVG)
RSYS=0
DMX =.029378
SMN =-.011607
SMX =.010104
ANSYS

(d)

(e)

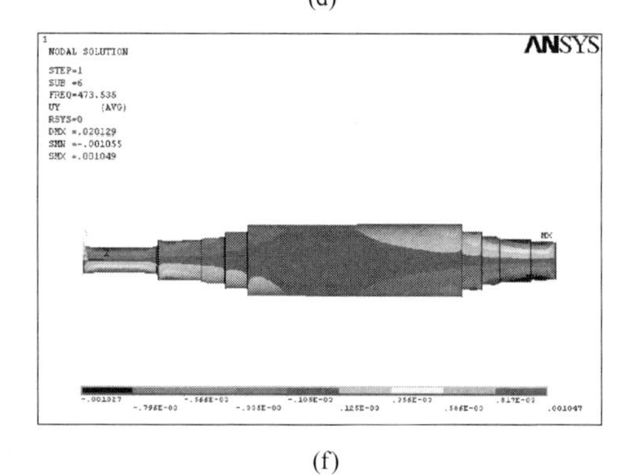
NODAL SOLUTION
STEP=1
SUB =6
FREQ=473.535
UY (AVG)
RSYS=0
DMX =.020129
SMN =-.001055
SMX =.001049
ANSYS

(f)

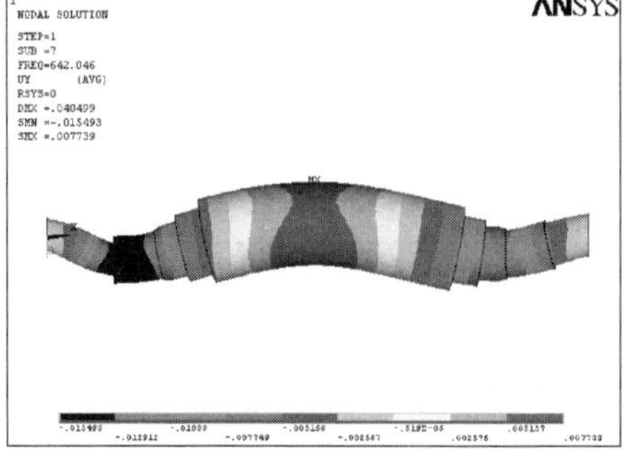
NODAL SOLUTION
STEP=1
SUB =7
FREQ=642.046
UY (AVG)
RSYS=0
DMX =.040499
SMN =-.015493
SMX =.007739
ANSYS

(g)

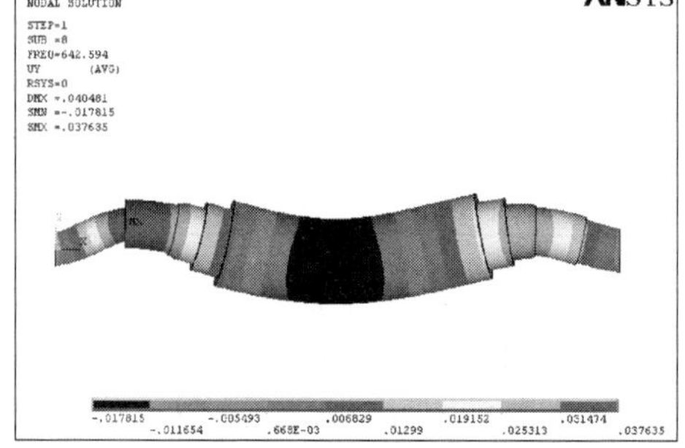
NODAL SOLUTION
STEP=1
SUB =8
FREQ=642.594
UY (AVG)
RSYS=0
DMX =.040481
SMN =-.017815
SMX =.037635
ANSYS

(h)

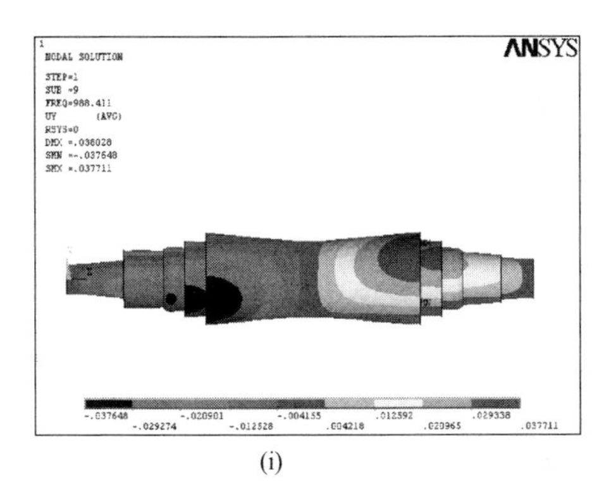

(i)

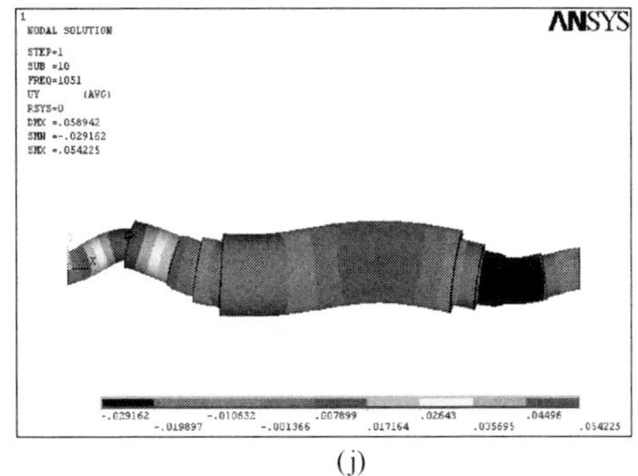

(j)

图 6-11 中间辊各阶模态

(a) 中间辊第 1 阶模态；(b) 中间辊第 2 阶模态；(c) 中间辊第 3 阶模态；(d) 中间辊第 4 阶模态；(e) 中间辊第 5 阶模态；(f) 中间辊第 6 阶模态；(g) 中间辊第 7 阶模态；(h) 中间辊第 8 阶模态；(i) 中间辊第 9 阶模态；(j) 中间辊第 10 阶模态

6.2.1.3 支承辊的有限元分析

第五机架支承辊的主要工艺参数，如图 6-12 所示。

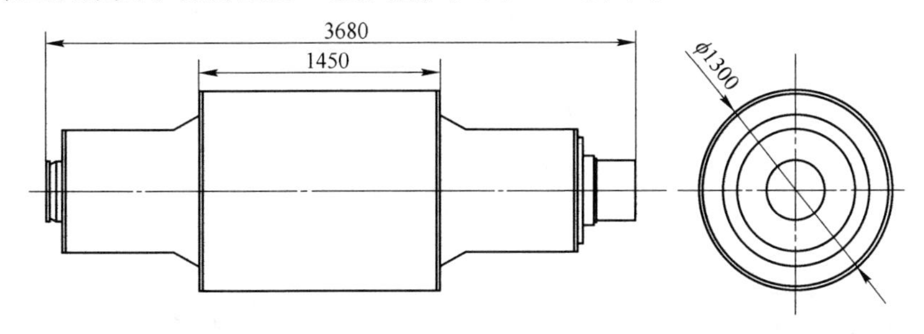

图 6-12 支承辊尺寸示意图（单位为 mm）

采用 8 节点 SOLID45 六面体单元对支承辊进行网格划分（图 6-13）。

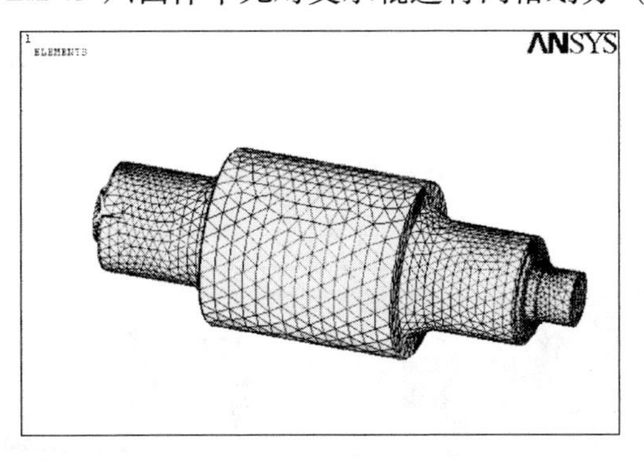

图 6-13 支承辊网格划分图

在支承辊的轴颈端面分别施加防止轧辊横向窜动的 X、Y、Z 三个方向位移为零的约束，对支承辊进行模态分析。以支承辊纵向变形量为研究对象，求得支承辊前 10 阶固有频率和各阶纵向变形量，见表 6-7。

表 6-7 轧机支承辊各阶固有频率和纵向变形量

阶数	固有频率 f/Hz	最小变形量/m	最大变形量/m
1	98. 587	-0. 01063	0. 010634
2	132. 794	-0. 002757	0.136×10^{-4}
3	132. 812	0	0. 007289
4	358. 702	-0. 002186	0. 002213
5	358. 762	-0. 009331	0. 09481
6	359. 985	-0. 742E-03	0. 803E-03
7	808. 328	-0. 011437	0. 004131
8	808. 374	-0. 005183	0. 015123
9	815. 546	0. 019637	0. 019708
10	1030. 0	-0. 022716	0. 022722

从表 6-7 可看出，支承辊纵向变形较大的为第 5 阶 $f_5=358.762\text{Hz}$ 和第 10 阶 $f_{10}=1030\text{Hz}$。其中 358. 762Hz 处在第五倍频程范围内。在轧机系统的振动中由支承辊本身纵向变形而造成的辊缝变化较小，但第五倍频振产生的振痕易在支承辊上出现，从而造成带材或轧辊表面出现明暗条纹。

支承辊各阶模态振型，如图 6-14 所示。

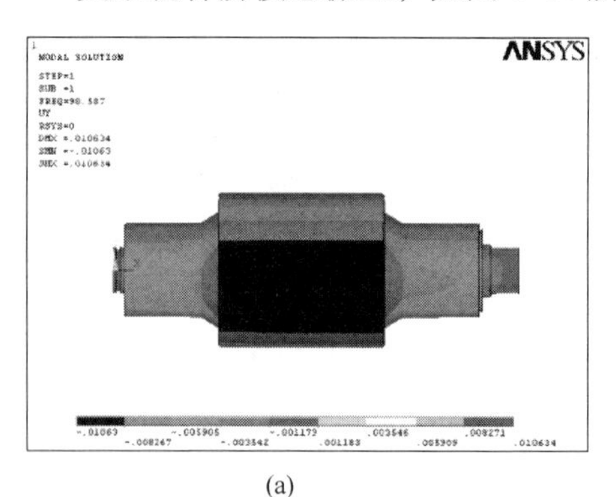

(a)

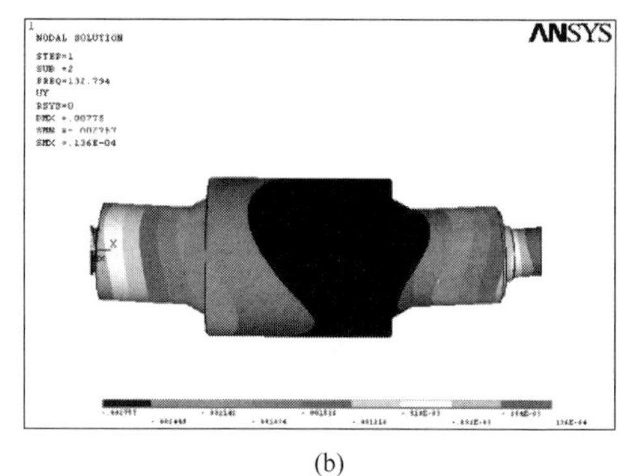

(b)

(c)

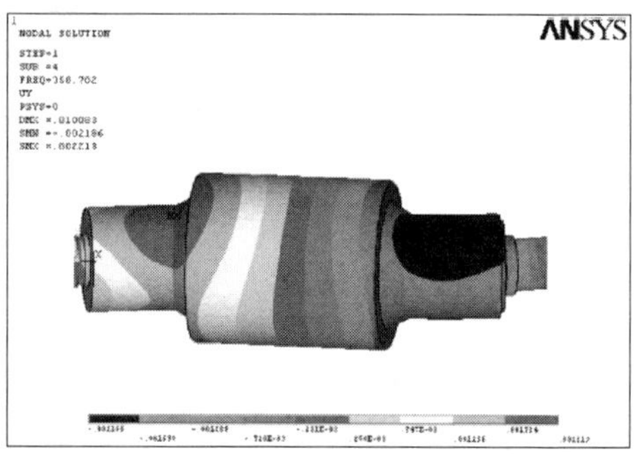

(d)

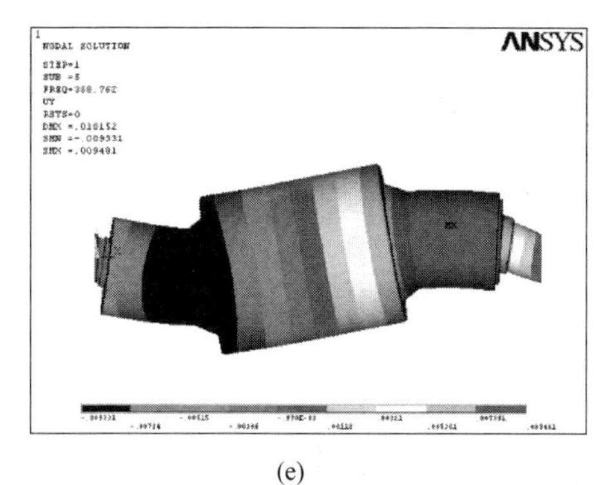

(e)

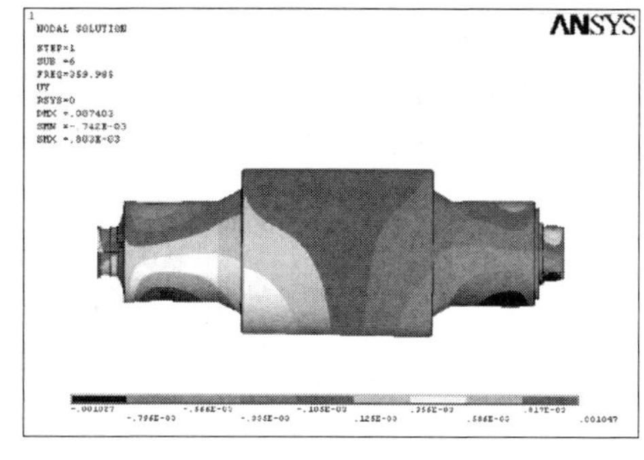

(f)

(g)

(h)

(i)

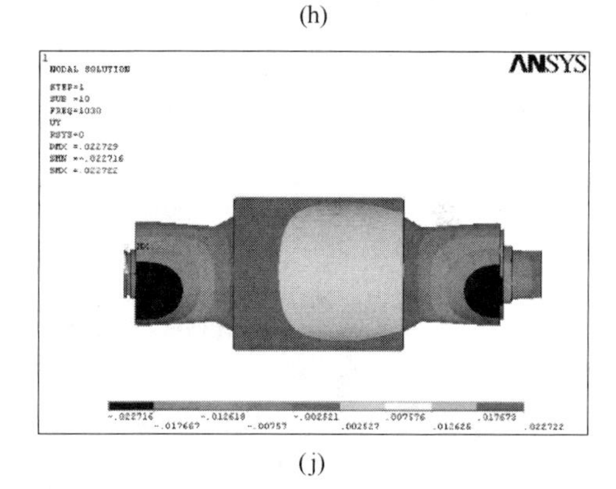

(j)

图 6-14 支承辊各阶模态

(a) 支承辊第 1 阶模态；(b) 支承辊第 2 阶模态；(c) 支承辊第 3 阶模态；(d) 支承辊第 4 阶模态；(e) 支承辊第 5 阶模态；(f) 支承辊第 6 阶模态；(g) 支承辊第 7 阶模态；(h) 支承辊第 8 阶模态；(i) 支承辊第 9 阶模态；(j) 支承辊第 10 阶模态；

6.2.2 轧辊结构参数对固有频率的影响

轧辊是轧钢机中重要组成部分，轧辊的直径对轧机振动和带材质量有着很大的影响。因此，对不同直径的轧辊做模态分析，研究其各阶振动固有频率也就尤为重要。

6.2.2.1　改变工作辊直径

保持工作辊其他参数不变，改变工作辊直径，对工作辊进行模态分析，得出工作辊前 6 阶振动固有频率，如图 6-15 所示。

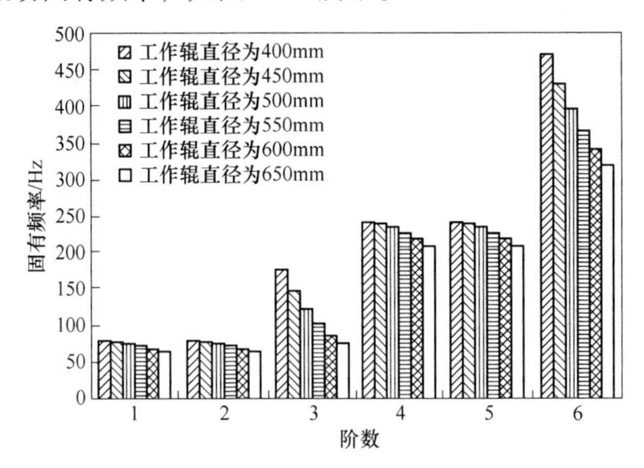

图 6-15　工作辊直径对固有频率的影响

从图 6-15 可看出，从第 1 阶到第 6 阶工作辊的振动模态固有频率随着工作辊直径的增加而逐渐减少。

6.2.2.2　改变中间辊直径

保持其他参数不变，改变中间辊直径，对其进行模态分析，得出中间辊前 6 阶振动固有频率，如图 6-16 所示。

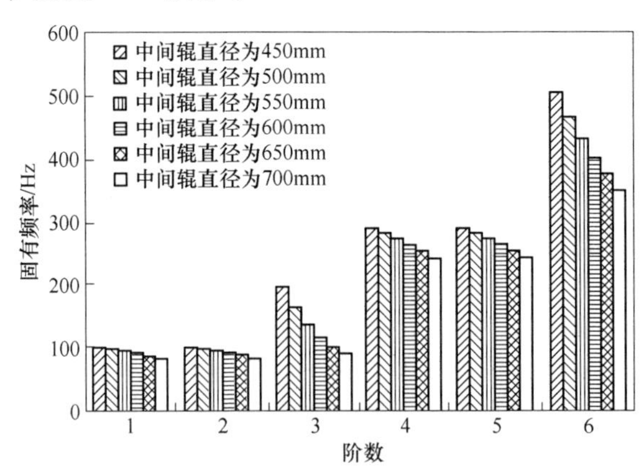

图 6-16　中间辊直径对固有频率的影响

从图 6-16 可看出，从第 1 阶到第 6 阶中间辊的振动模态固有频率随着中间辊直径的增加而逐渐减少。

6.2.2.3　改变支承辊直径

保持其他参数不变，改变支承辊直径，对其模态进行分析，得出支承辊前 6

阶振动固有频率，如图6-17所示。

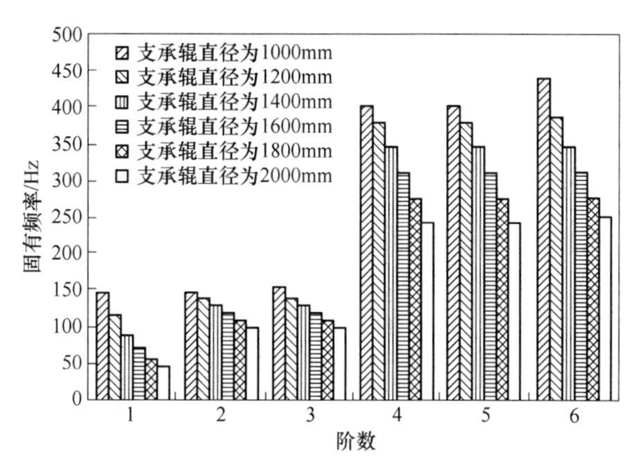

图6-17 支承辊直径对固有频率的影响

从图6-17可看出，从第1阶到第6阶支承辊的振动模态固有频率随着支承辊直径的增加而逐渐减少。

根据图6-15～图6-17可以得到结论：随着轧辊的直径增大，其振动模态固有频率随之减小是由于轧辊直径的变大使得轧辊的附加质量过大，因此导致轧辊各阶振动固有频率降低。

通过改变轧辊结构尺寸，对各阶模态振动频率探讨与研究发现，合理地选择轧辊的结构尺寸，可以减小轧机振动延长轧辊的使用寿命，减小轧辊备件资金紧张对正常生产的影响，提高经济效益。

6.3 轧机机组系统的有限元分析

1450mm轧机机组是一个复杂的大系统，如果用三维有限元模型计算，其计算量很大，并且模态频率非常密集。根据冷轧机结构特点，将轧机机架和轧辊按三维梁单元处理，在工作辊、中间辊和支承辊之间，其赫兹压扁的刚度等效为几个集中的弹簧刚度。在各辊之间，轧辊的弹性变形和轧件的弹性回复刚度，也等效为几个集中的弹簧。由此建立其拟三维有限元模型，如图6-18所示。

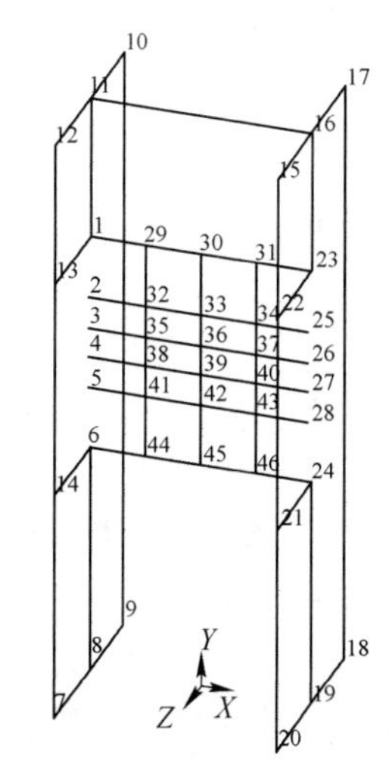

图6-18 1450mm轧机机组拟三维有限元模型

在此模型中只在机架地脚处施加X、Y、Z三个方向位移为零的约束，辊系只能在X-Y平面内Y方向运动。对轧机机座系统进行模态分析，求得前12阶固有频率，见表6-8。

表 6-8 轧机机组各阶固有频率

阶数	1	2	3	4	5	6
频率 f/Hz	45. 592	65. 211	95. 978	138. 19	151. 13	192. 93
阶数	7	8	9	10	11	12
频率 f/Hz	223. 53	283. 95	325. 22	358. 37	407. 42	494. 73

轧机机座系统各阶模态振型如图 6-19 所示。

轧机系统前 12 阶模态结果分析如下：

（1）第 1 阶振型：f_1 =45. 592 Hz，中间辊系和工作辊系均沿 Y 轴正向平动，其中工作辊变形较大。

（2）第 2 阶振型：f_2 =65. 211 Hz，上工作辊和上中间辊沿 Y 轴负向平动，下工作辊和下中间辊沿 Y 轴正向平动，其中中间辊变形较大。

（3）第 3 阶振型：f_3 =95. 978 Hz，上工作辊（中间向下，两端向上）弯曲，且沿 Y 轴负向平动，下工作辊（中间向上，两端向下）弯曲，且沿 Y 轴正向平动。

（4）第 4 阶振型：f_4 =138. 19 Hz，上工作辊和上中间辊沿 Y 轴正向平动，下工作辊和下中间辊沿 Y 轴负向平动，即整个轧机系统发生垂直振动，且此阶频率处在轧机第三倍频程垂直振动的范围内，易造成显著的带材厚度波动。

（5）第 5 阶振型：f_5 =151. 13 Hz，轧机机架沿着 X 轴方向前后摆动，机架顶部发生的变形最大。

（6）第 6 阶振型：f_6 =192. 93 IIz，轧机机架两根立柱中部均 Z 轴负方向弯曲，中间辊系和工作辊系均沿 Y 轴正向平动，其中工作辊变形较大。

（7）第 7 阶振型：f_7 =223. 53 Hz，上支承辊（中间向下，两端向上）弯曲，下支承辊（中间向上，两端向下）弯曲。

（8）第 8 阶振型：f_8 =283. 95 Hz，上支承辊（中间向上，两端向下）弯曲，下支承辊（中间向下，两端向上）弯曲。

（9）第 9 阶振型：f_9 =325. 22 Hz，上、下支承辊（中间向上，两端向下）弯曲，上、下工作辊（中间向下，两端向上）弯曲。

（10）第 10 阶振型：f_{10} =358. 37 Hz，上工作辊（中间向下，两端向上）弯曲，下工作辊（中间向上，两端向下）弯曲。

（11）第 11 阶振型：f_{11} =407. 42 Hz，上、下工作辊沿 Y 轴正向平动，上、下中间辊沿 Y 轴负向平动，下工作辊平动位移较大。

（12）第 12 阶振型：f_{12} =494. 73 Hz，轧机机架发生竖直方向弯曲振动。

根据简化后轧机机架的结构尺寸，运用 ANSYS 软件建立轧机机架有限元模型，并进行了动态特性分析，得出了其典型模态的固有频率和振型。并与解析法计算出的机架几个典型振型频率进行了互相比较，从而验证两者的结果基本吻合。

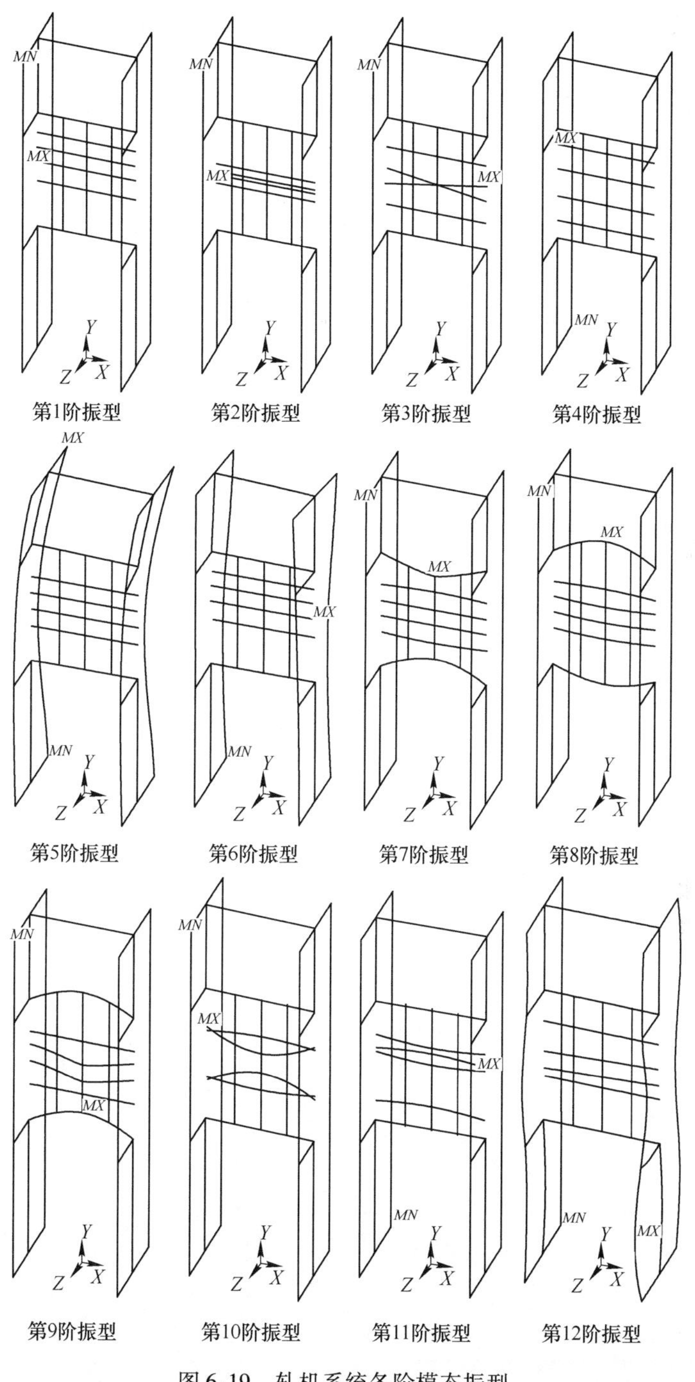

图 6-19 轧机系统各阶模态振型

在保持其他尺寸不变的条件下，分别改变上横梁高度、立柱的宽度和机架的厚度，得到其对机架垂直振动固有特性的影响，为轧机的机架设计及进一步研究轧机的轧制稳定性奠定基础。

建立轧机的工作辊、中间辊和支承辊的有限元模型，进行模态分析，求出其振动模态固有频率和振型。并分别改变轧机的工作辊、中间辊和支承辊的直径尺寸，研究其各阶振动频率的变化。

对整个轧机机组系统进行动力学分析，求出其各阶模态的振动固有频率和振型。

7 5500mm 轧机振动分析

7.1 机架强度和刚度的有限元分析

7.1.1 机架有限元模型的建立及网格划分

5500mm 宽厚板轧机机架结构及各部分尺寸，如图 7-1 所示。

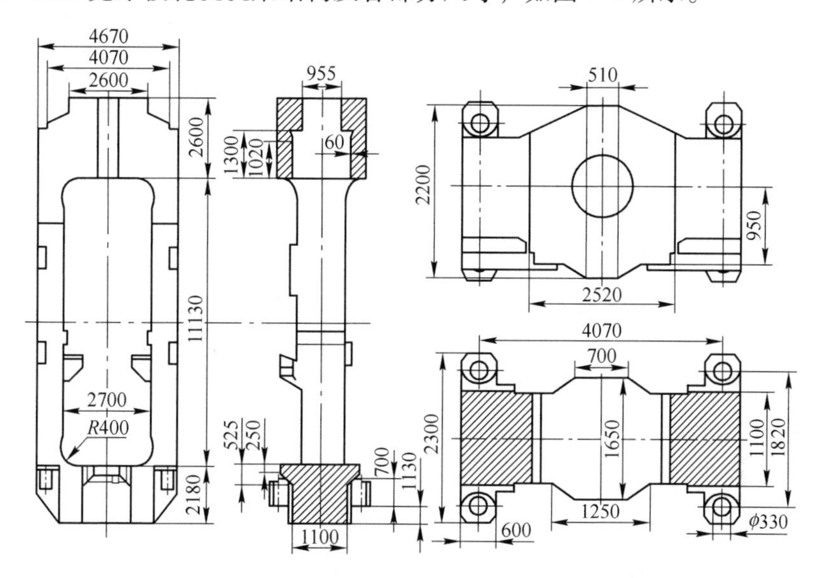

图 7-1 轧机机架结构图（单位为 mm）

对于相对简单的实体模型，在 ANSYS 中直接建立模型比较容易实现，而对于复杂的实体模型，通过导入实体模型的方法更加方便。本文对 5500mm 轧机机架建模时，在 Solidworks 中进行了一定的简化，如机架上的窄槽、细小孔和小的倒角等细微的特征，简化的原则是在保证计算精度的前提下对一些与机架强度没有重要作用或者承受载荷情况并不关键的部位进行简化的。

5500mm 宽厚板轧机机架材料为 ZG30Cr13，密度 $\rho = 7800\text{kg/m}^3$，弹性模量 $E = 210000\text{MPa} = 2.1 \times 10^{11}\text{Pa}$，泊松比 $\gamma = 0.3$。5500mm 轧机机架在 ANSYS 中的三维模型如图 7-2 所示。

由于几何实体模型并不参与有限元分析，所有施加在几何实体模型边界上的载荷和约束最终传递到有限元模型的节点或单元上进行求解。因此，在对三维实

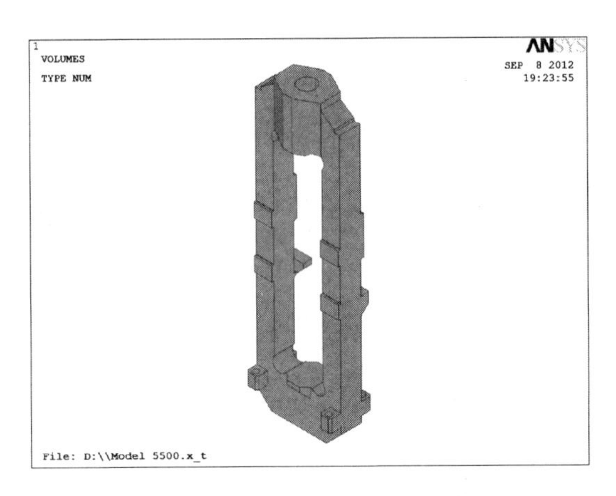

图 7-2 5500mm 轧机机架三维模型

体模型进行网格划分之前，必须对其定义合适的单元属性，主要包括以下几项：

（1）单元类型（如 BEAM3、SHELL61 等）；

（2）实常数（如厚度和横截面积）；

（3）材料性质（如杨氏模量、热传导系数等）；

（4）单元坐标系；

（5）截面号（只对 BEAM44、BEAM188、BEAM189 单元有效）。

为了保证计算结果的准确性，对轧机机架进行网格划分时应注意以下几点：

（1）在轧机机架地脚连接螺孔与机架接触处，上横梁压下螺母处，上下横梁与立柱交接处等处易引起应力集中，分别对应力集中的部位采用较小几何尺寸的单元进行细化网格。

（2）单元体各边的比例不能相差太大，以避免基数值特征产生退化。

（3）模型结构与实际结构及模型结构的几何尺寸与实际结构的几何尺寸尽可能相同。

对三维实体模型划分网格的方式主要有自由（Free）、映射（Map）和扫掠（Sweep），不同的划分方式会对计算结果的精度产生一定的影响。由于机架的形状不是很规则，所以对机架采用自由网格划分，本文对机架采用的单元类型为 Solid 中的 Brick8node45，即 8 节点的 Solid45 体单元。划分网格后，单片机架的总单元数为 338739 个，节点总数为 68645 个。机架划分网格后的模型如图 7-3 所示。

7.1.2 机架的约束情况和载荷施加

7.1.2.1 机架的约束情况

根据机架的安装情况及轧机在轧制过程中的受力情况，机架地脚螺栓连接处

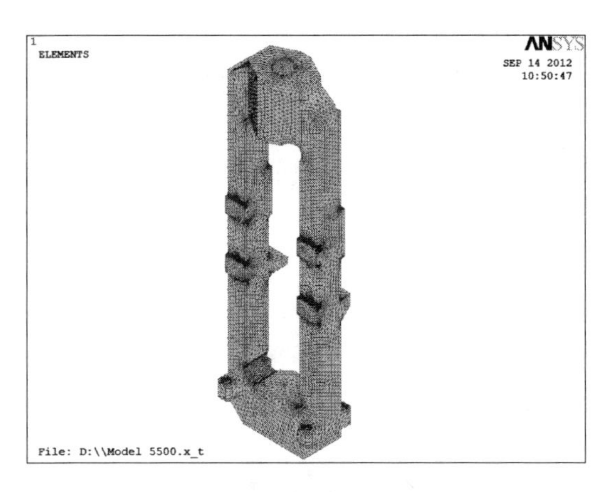

图7-3 轧机机架的有限元网格图

为刚性约束。因此，对机架地脚螺栓孔的内表面施加 X、Z 两个方向的零位移约束以限制 X、Z 方向模型的平动；对机架与地基的接触面施加 Y 方向的零位移约束。机架的约束情况如图7-4所示。

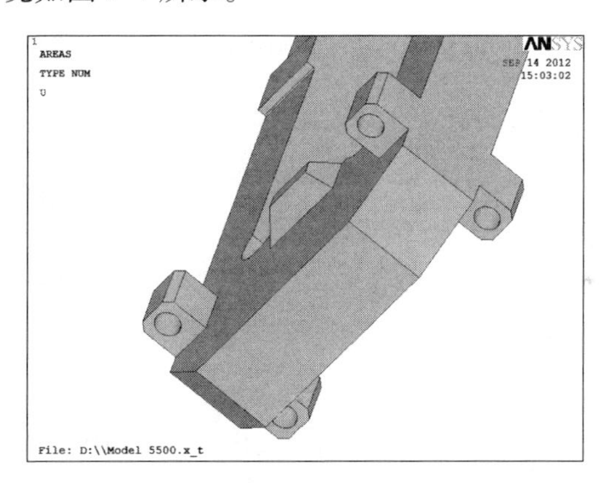

图7-4 轧机机架的约束情况

7.1.2.2 机架的载荷施加

正常轧制过程中，机架的受力情况很复杂，有几种力作用在机架上：

（1）作用在轧机机架上横梁和下横梁上的轧制力；

（2）轧辊运动时，辊颈上的摩擦力矩在轧机机架立柱上引起的反力；

（3）由带材前后张力差引起的作用于机架立柱上的水平力；

（4）坯料咬入时由加减速引起的作用在牌坊立柱上的水平惯性力；

（5）轧辊上的平衡装置引起的附加力；

（6）轧辊的轴向窜动引起的轴向冲击力；

（7）各种水平力所形成的倾翻力矩在机架下支承面上引起的反力；

（8）机架自身的重力。

上述各种力中，其中轧制力最大，对机架强度和刚度的影响也最大，其他各力的方向与轧制力的方向不同，而且其数量级也远远小于轧制力，因此，在计算过程中可以忽略其影响，取轧制力为外载荷，并考虑机架自身重力。机架载荷的施加情况如图 7-5 所示。

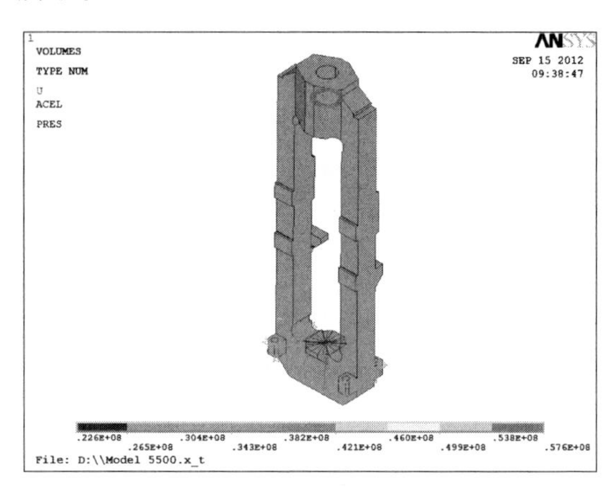

图 7-5　轧机机架的加载情况

本书轧制力采用最大公称轧制力为 10000t，即 1×10^{8}N，则单片机架承受的最大轧制力为 5000t，即 5×10^{7} N。在计算时，轧制力按均布载荷方式作用于上横梁压下螺母孔台阶面和下横梁轴承座承压面上。其中，上横梁压下螺母孔台阶面受力面积为 0.8674m^2，下横梁轴承座承压面受力面积为 2.208m^2，将力分别作用于机架上下横梁：

上横梁受力区域所受的均布载荷为：

$$\frac{5\times10^{7}}{0.8674}=57643532.4\text{Pa}=57.6\text{MPa}$$

下横梁受力区域所受的均布载荷为：

$$\frac{5\times10^{7}}{2.208}=22644927.54\text{Pa}=22.6\text{MPa}$$

本书对轧机机架加载时轧制力（$6\times10^{7}\sim1\times10^{8}$N）的选择情况，单个机架承受的轧制力（$3\times10^{7}\sim5\times10^{7}$N）情况，以及上横梁孔台阶面和下横梁承压面的加载情况，见表 7-1。

表 7-1　机架受力情况

轧制力/N	单个机架受力/N	上横梁受力/MPa	下横梁受力/MPa
1×10^{8}	5×10^{7}	57.6	22.6
9.8×10^{7}	4.9×10^{7}	56.5	22.2

续表 7-1

轧制力/N	单个机架受力/N	上横梁受力/MPa	下横梁受力/MPa
9.6×10^7	4.8×10^7	55.3	21.7
9.4×10^7	4.7×10^7	54.2	21.3
9.2×10^7	4.6×10^7	57.0	20.8
9×10^7	4.5×10^7	51.9	20.4
8.8×10^7	4.4×10^7	50.7	19.9
8.6×10^7	4.3×10^7	49.6	19.5
8.4×10^7	4.2×10^7	48.4	19.0
8.2×10^7	4.1×10^7	47.3	18.6
8×10^7	4×10^7	46.1	18.1
7.8×10^7	7.9×10^7	45.0	17.7
7.6×10^7	7.8×10^7	47.8	17.2
7.4×10^7	7.7×10^7	42.7	16.8
7.2×10^7	7.6×10^7	41.5	16.3
7×10^7	7.5×10^7	40.4	15.9
6.8×10^7	7.4×10^7	39.2	15.4
6.6×10^7	7.3×10^7	38.0	14.9
6.4×10^7	7.2×10^7	36.9	14.5
6.2×10^7	7.1×10^7	35.7	14.0
6×10^7	3×10^7	34.6	17.6

7.1.3 机架的应力分析

本书在轧机机架正常工作中，承受最大轧制力 100MN，即单片机架承受 50MN 时，机架等效应力作为典型代表在以下各图中显示出来，并在图中显示了机架最大应力的位置。

根据强度理论，其三维等效应力为：

$$\sigma_e = \sqrt{\frac{(\sigma_x-\sigma_y)^2+(\sigma_y-\sigma_z)^2+(\sigma_z-\sigma_x)^2+6(\tau_{xy}^2+\tau_{yz}^2+\tau_{zx}^2)}{2}}$$
$$= \sqrt{\frac{(\sigma_1-\sigma_2)^2+(\sigma_2-\sigma_3)^2+(\sigma_3-\sigma_1)^2}{2}} \tag{7-1}$$

式中 σ_x，σ_y，σ_z——x、y、z 方向的正应力；

τ_{xy}，τ_{yz}，τ_{zx}——xy、yz、zx 平面的剪应力；

σ_1，σ_2，σ_3——该点的第一、第二、第三主应力。

图 7-6 所示为机架等效应力图，图 7-7 所示为上横梁等效应力图。图中不同灰度代表不同等效应力数值从图 7-6 中可以看出，机架等效应力的最大值为 71.3MPa，小于机架许用应力（许用应力等于 100MPa，机架材料为 ZG30Cr13，其抗拉强度 $\sigma_b=500$MPa，屈服极限 $\sigma_s=300$MPa，取安全系数 $n=3$），因此，机架强度合格。另外，机架等效应力最大值发生在上横梁压下螺孔处，由此可知，机架上横梁压下螺孔处是机架应力最薄弱的位置。

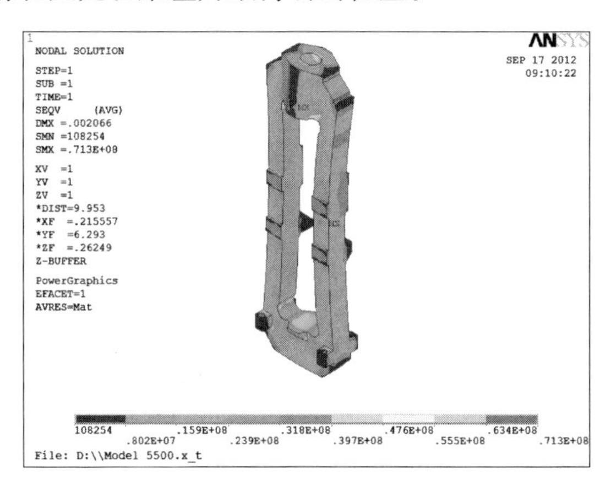

图 7-6 轧机机架等效应力图

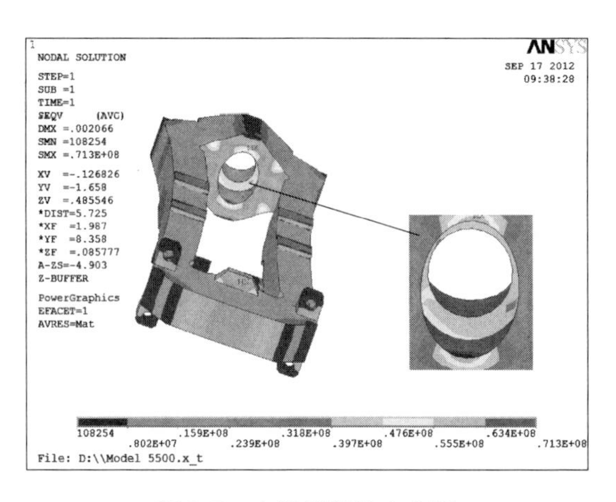

图 7-7 上横梁等效应力图

另外，从图中可以看出，机架上还有几个应力集中区，如上、下横梁与立柱的交界处、下横梁与地脚螺孔连接处和立柱内侧面等。当机架承受其他轧制力时，即整个机架承受 $6\times10^7\sim1\times10^8$N，单片机架承受 $3\times10^7\sim5\times10^7$N 时，最大等效应力、$X$ 轴方向最大应力、Y 轴方向最大应力、Z 轴方向最大应力，见表 7-2。

表 7-2 机架应力情况

单片机架轧制力 /N	最大等效应力 /MPa	X 轴方向最大等效应力 /MPa	Y 轴方向最大等效应力 /MPa	Z 轴方向最大等效应力 /MPa
5×10^7	71.3	67.2	65.5	36.5
4.9×10^7	69.9	62.0	64.2	35.8
4.8×10^7	68.5	60.7	62.9	35.0
4.7×10^7	67.1	59.4	61.6	34.3
4.6×10^7	65.6	58.2	60.3	37.6
4.5×10^7	64.2	56.9	59.0	32.8
4.4×10^7	62.8	55.6	57.7	32.1
4.3×10^7	61.4	54.4	56.4	31.4
4.2×10^7	59.9	57.1	55.0	30.7
4.1×10^7	58.5	51.8	57.7	29.9
4×10^7	57.1	50.6	52.4	29.2
3.9×10^7	55.7	49.3	51.1	28.5
3.8×10^7	54.2	48.1	49.8	27.7
3.7×10^7	52.8	46.8	48.5	27.0
3.6×10^7	51.4	45.5	47.2	26.3
3.5×10^7	49.9	44.3	45.9	25.5
3.4×10^7	48.5	47.0	44.5	24.8
3.3×10^7	47.1	41.7	47.2	24.1
3.2×10^7	45.7	40.5	41.9	27.4
3.1×10^7	44.2	39.2	40.6	22.6
3×10^7	42.8	37.9	39.3	21.9

7.1.4 机架的刚度分析

与机架的应力分析相对应，本书对机架的刚度分析是以机架承受最大轧制力 1×10^8N，即单片机架承受 5×10^7N 时，机架的各种变形情况作为典型代表在以下各图中显示。在 X 轴、Y 轴和 Z 轴三个方向的变形中，Y 轴方向的变形对轧辊控制精度产生的影响最大，因此，应特别注意 Y 轴方向的变形。

图 7-8 ~ 图 7-12 分别为机架变形图、机架总位移图、X 轴方向变形图、Y 轴方向变形图和 Z 方向变形图，图中不同灰度代表不同的数值。

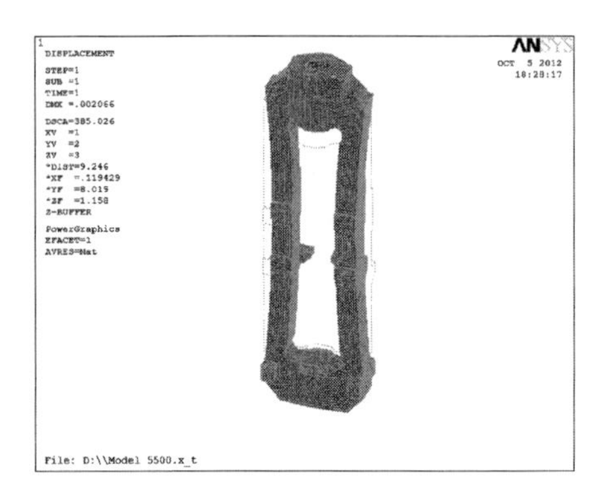

图 7-8　机架变形图

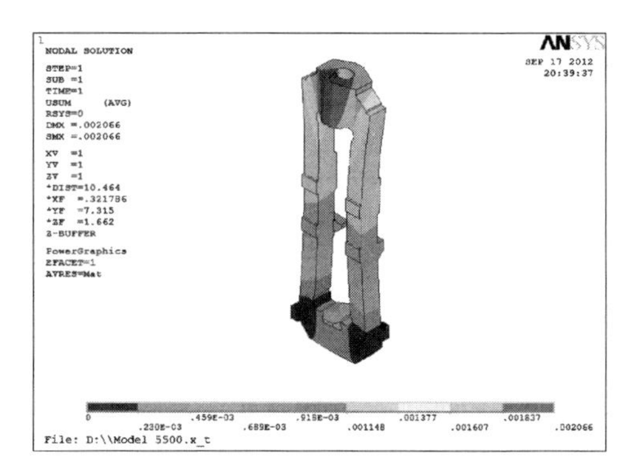

图 7-9　机架总位移图

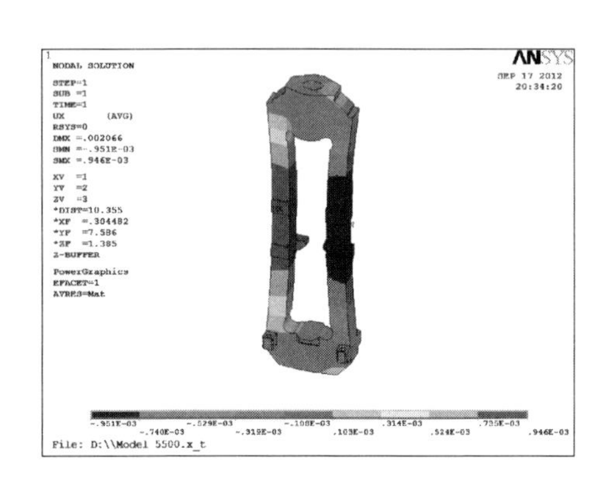

图 7-10　机架 X 方向位移图

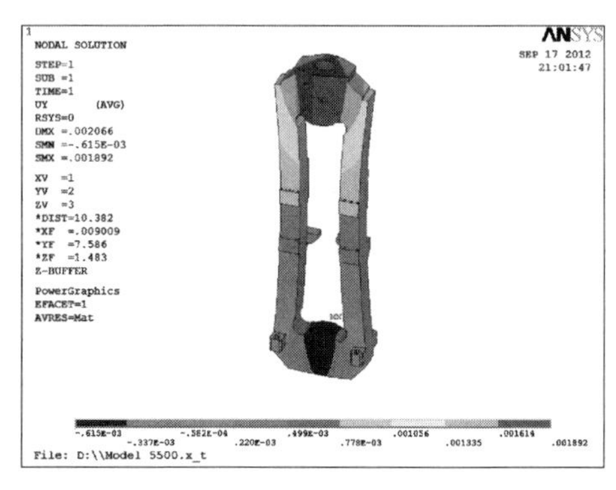

图 7-11　机架 Y 方向位移图

从以上各图中可清楚地看出机架的变形规律：机架的变形主要发生在 Y 轴方向，X 轴方向上的变形较小，Z 轴方向基本不发生变形；上横梁向上弯曲，机架变形最大位置发生在上横梁压下螺母承载面处，机架窗口高度方向的尺寸增大；立柱部分向内收缩变形，呈上下均衡的趋势，机架窗口宽度的尺寸略有减小；下横梁向下弯曲，相对于上横梁和立柱部分而言，变形量较小而且均匀。

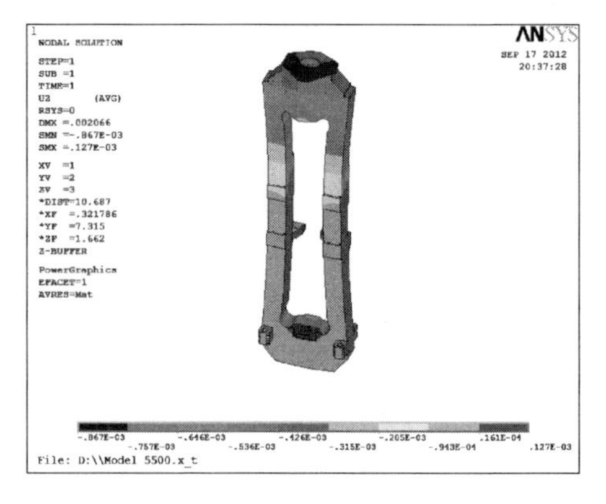

图 7-12　机架 Z 方向位移图

图 7-10 反映了机架在 X 轴方向的变形值，X 轴方向变形的最大位移 f_X 为：

$$f_X = 2 \times 0.946 = 1.892\text{mm}$$

图7-11反映了机架在Y轴方向的变形值。其中，纵向变形量取上、下横梁变形的最大值之差，上横梁的最大纵向变形值为1.892mm，下横梁的最大纵向变形值为-0.615mm，因此，Y轴方向的最大位移f_Y为：

$$f_Y = 1.892 - (-0.615) = 2.507\text{mm}$$

图7-12反映了机架在Z轴方向的变形值，Z轴方向的最大位移f_Z为：

$$f_Z = 0.127 - (-0.867) = 0.994\text{mm}$$

所以，机架纵向刚度：

$$K = \frac{R}{f_Y} = \frac{50000\text{kN}}{2.507\text{mm}} = 19944.1\text{kN/mm} \tag{7-2}$$

式中 R——单片机架所受轧制力；

f_Y——机架Y方向位移。

根据大型宽厚板轧机机架参数，机架纵向刚度最小控制值$[K]=19500\text{kN/mm}$，由以上计算结果知，$K>[K]$，因此，机架满足刚度要求。

当机架承受其他轧制力时，即整个机架承受$6\times10^7 \sim 1\times10^8$N，单片机架承受$3\times10^7 \sim 5\times10^7$N时，机架上、下横梁间相对变形、机架空间最大变形、X轴方向最大变形、Y轴方向最大变形和Z轴方向最大变形列于表7-3中。

表7-3 机架变形情况

单片机架轧制力/N	上、下横梁间相对变形	空间最大变形/mm	X轴方向最大变形/mm	Y轴方向最大变形/mm	Z轴方向最大变形/mm
5×10^7	2.507	2.066	0.946	1.892	0.127
4.9×10^7	2.457	2.025	0.927	1.854	0.124
4.8×10^7	2.408	1.983	0.908	1.817	0.122
4.7×10^7	2.358	1.942	0.889	1.779	0.119
4.6×10^7	2.307	1.901	0.870	1.741	0.116
4.5×10^7	2.257	1.859	0.851	1.703	0.114
4.4×10^7	2.207	1.818	0.832	1.665	0.111
4.3×10^7	2.156	1.777	0.813	1.627	0.109
4.2×10^7	2.107	1.736	0.794	1.590	0.106
4.1×10^7	2.057	1.694	0.776	1.552	0.104
4×10^7	2.006	1.653	0.757	1.514	0.101
3.9×10^7	1.956	1.612	0.738	1.476	0.0987
3.8×10^7	1.906	1.570	0.719	1.438	0.0962
3.7×10^7	1.855	1.529	0.700	1.400	0.0937
3.6×10^7	1.805	1.488	0.681	1.362	0.0911
3.5×10^7	1.756	1.446	0.662	1.325	0.0886

续表 7-3

单片机架轧制力/N	上、下横梁间相对变形/mm	空间最大变形/mm	X 轴方向最大变形/mm	Y 轴方向最大变形/mm	Z 轴方向最大变形/mm
3.4×10^7	1.705	1.404	0.643	1.286	0.0861
3.3×10^7	1.655	1.364	0.624	1.249	0.0835
3.2×10^7	1.605	1.322	0.605	1.211	0.0810
3.1×10^7	1.555	1.281	0.586	1.173	0.0785
3×10^7	1.504	1.240	0.567	1.135	0.0759

另外，由于机架上、下横梁沿 Y 轴方向的变形量与上、下横梁的空间变形量相差较小，所以可以近似的将机架上、下横梁间沿 Y 轴方向的相对变形量作为机架上、下横梁间的空间相对变形量。

即该相对变形量：

$$f_v = |f_s| + |f_X| \tag{7-3}$$

式中 f_s——机架上横梁间的空间相对变形量；

f_X——机架下横梁间的空间相对变形量。

7.1.5 小结

本章用有限元分析软件 ANSYS 对 5500mm 宽厚板轧机机架进行了强度和刚度分析。计算结果表明：

（1）当机架承受最大轧制力时，根据第四强度理论，机架最大等效应力小于许用应力，机架强度满足要求；

（2）机架纵向刚度值大于机架纵向刚度最小控制值，机架刚度满足要求。

7.2 5500mm 轧机机架的优化设计

为提高产品性能、可靠性、降低成本和加快产品的研发速度等，都需要对产品进行优化。优化设计是一种寻找最优设计方案的技术，目前，常用的节省成本、提高产品性能的优化工具有 ANSYS 中的 APDL 参数优化工具箱和 MATLAB 优化工具箱，理论上，在有限元分析软件 ANSYS 中所有可以参数化的设计变量都可以进行优化设计，如结构的尺寸、费用等。

7.2.1 优化设计基本原理

优化设计的基本原理是首先把实际要设计的问题转化成数学模型，然后根据数学模型的特性，构建优化模型，运用各种优化方法，在满足设计要求的条件下进行多次迭代计算，直到求得最优解。优化问题的数学模型一般可表示为：

$$\min F(x) = F(x_1, x_2, \cdots, x_n) \tag{7-4}$$

$$g_i(x) = g_i(x_1, x_2, \cdots, x_n) \leqslant 0 \quad (i = 1,2,\cdots,m) \tag{7-5a}$$

$$h_j(x) = g_j(x_1, x_2, \cdots, x_n) = 0 \quad (i = 1,2,\cdots,p) \tag{7-5b}$$

$$X = (x_1, x_2, \cdots, x_n)^{\mathrm{T}} \tag{7-6}$$

式中，$F(x)$ 为目标函数，是设计变量的函数，用来评价设计方案的优劣，优化问题即为求 $F(x)$ 的极值，约束条件 $g_i(x)$、$h_j(x)$ 称为状态变量。x 是设计参数组成的向量，每一个向量代表一种设计方案。

ANSYS 中优化设计的过程是一系列的分析—评估—修正的循环过程，这一循环过程重复进行，直到所有的设计都满足要求，得到最优设计方案。ANSYS 提供了多种使目标函数在控制条件下达到最小的优化方法：

（1）单步法（Single Run）；

（2）随机搜索法（Random Designs）；

（3）乘子评估法（Factorial）；

（4）最优梯度法（Gradient）；

（5）扫描法（DV Sweeps）；

（6）零阶方法（Zero-order Method）；

（7）一阶方法（First-order Method）。

一般 ANSYS 中可以采用的优化方法是零阶方法和一阶方法。零阶方法（又称直接法）可以有效地处理绝大多数的工程问题；一阶方法（又称间接法）适合于精确度较高的优化分析，尤其是在因变量变化很大，设计空间也相对较大时的情况。

7.2.2 优化设计步骤

（1）创建分析文件：

1）建立参数化模型，包括在/PREP7 中用设计变量作为参数。

2）施加载荷并求解（SOLUTION），对已经参数化的模型施加相应的载荷条件，并对模型进行求解。获得在初始设计变量值条件下的结果。

3）参数化提取结果，在后处理中提取结果并赋值给相应的参数。

4）创建分析文件。有两种格式，一个是数据库命令流文件（.lgw），一个是程序命令流文件（.log）。

（2）进行优化分析：

1）对需要优化的各种变量进行参数化；

2）进入优化处理器（/OPT）；

3）声明优化变量；

4）选择优化方法；

5）执行优化分析。

（3）查看结果：

1）使用处理器（POST1 或 POST26）处理优化结果；

2）查看优化设计序列；

3）查看优化工具箱结果；

4）对设计序列进行操作。

基于 ANSYS 优化工具箱（APDL）进行优化时，优化分析中的数据流向如图 7-13 所示。

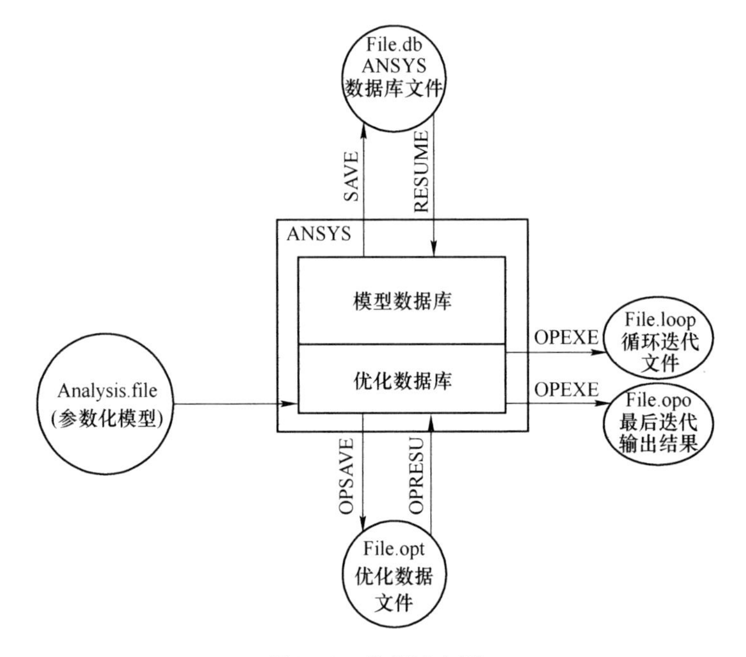

图 7-13 数据流向图

7.2.3 优化变量的确定

优化变量包括设计变量、状态变量和目标函数，在 ANSYS 中进行优化设计时，必须指出哪些是设计变量，哪些是状态变量，哪些是目标函数，由于 5500mm 轧机机架的横梁和立柱的尺寸较大，受设计者的关注最大，所以选取这部分尺寸进行优化分析。

7.2.3.1 设计变量

设计变量 Design Variables（DVs）：在 ANSYS 中进行优化设计时，设计变量是一个独立的参数，为自变量，如长度、厚度，每个参数化的设计变量都有一定的边界约束。另外，在所优化的有限元模型中设计变量的定义个数最多为 60 个。

5500mm 轧机机架的优化设计是在机架的内框尺寸确定的条件下进行的，最终确定以下几个主要尺寸作为设计变量：

L_1 ——上横梁厚度，mm；

L_4——立柱宽度，mm；

L_6 ——立柱厚度，mm。

7.2.3.2　状态变量

状态变量 State Variables（SVs）：状态变量是设计变量的函数，是因变量，如最大应力、最大变形，状态变量有上下限性能约束，进行优化分析时状态变量的定义个数最多为 100 个。

为保证轧制钢板的变形，以机架内框纵向最大位移作为约束条件：

$$f_{ymax} \leqslant [f]_y \tag{7-7}$$

$$f_{ymax} \leqslant UY_1 - UY_2 \tag{7-8}$$

式中　UY_1 ——上横梁最大纵向变形值；

UY_2 ——下横梁最大纵向变形值；

f_{ymax} ——机架内框最大纵向变形值；

$[f]_y$ ——机架内框最大许用纵向变形值。

7.2.3.3　目标函数

目标函数 Objective Function（OF）：目标函数是设计变量的函数，即可以通过改变设计变量达到改变目标函数的目的。在 ANSYS 优化工具箱 APDL 中，只能设定一个目标函数，且其值为正，然而 ANSYS 优化程序总是最小化目标函数，如果要最大化 x，就将问题转化为求数值 $x_1 = C - x$ 或 $x_1 = 1/x$ 的最小值，其中 C 是远大于 x 的数值。

在 5500mm 轧机机架的优化设计中，以机架横梁的最大变形为状态变量，机架的重量为目标函数，由于重量与体积成正比，所以以机架的体积（VOLUME）作为目标函数。

7.2.4　机架简化模型的分析及边界约束

为便于理论分析和建立模型，将 5500mm 宽厚板轧机机架的模型简化成由立柱、上下横梁组成的框架，如图 7-14 所示。

简化模型后，机架的等效应力图和纵向变形图，如图 7-15 和图 7-16 所示。

边界约束（又称区域约束）是对优化变量中的取值范围加以限制，即

$$2500\text{mm} \leqslant L_1 \leqslant 3200\text{mm}$$

$$800\text{mm} \leqslant L_4 \leqslant 1200\text{mm}$$

$$900\text{mm} \leqslant L_6 \leqslant 1300\text{mm}$$

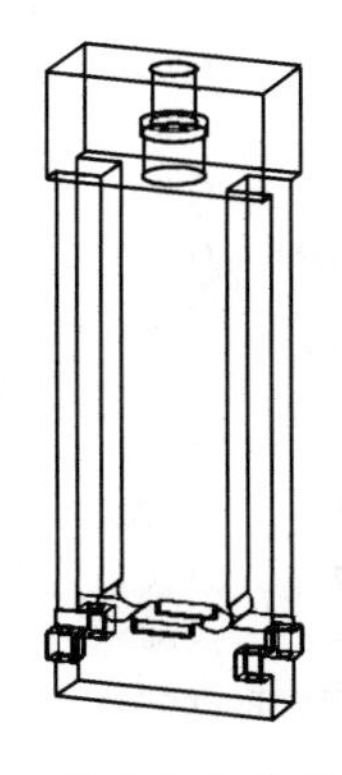

图 7-14　轧机机架简化模型图

$$0 \leqslant f_{ymax} \leqslant 2.564\text{mm}$$

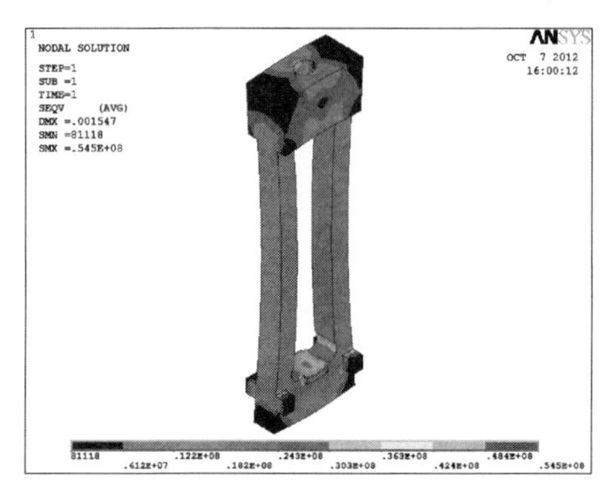

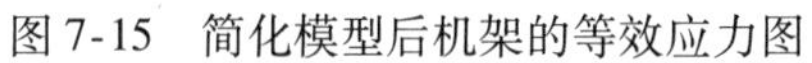

图 7-15 简化模型后机架的等效应力图

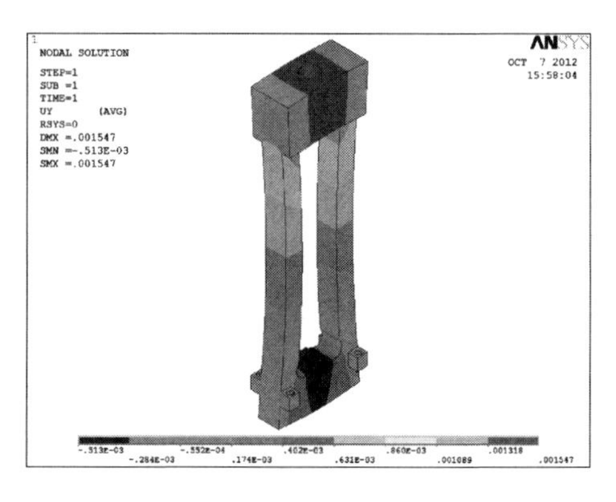

图 7-16 简化模型后机架纵向变形图

7.2.5 优化结果

对于大而复杂的机架来说，由于圆角处应力梯度变化较大，单元节点数目较多，为保证优化过程的顺利进行，采用零阶方法进行求解。

在 ANSYS 中，用 APDL 对机架的优化程序，全部迭代解及最优解如下：

		SET 1	SET 2	SET 3	SET 4
		(FEASIBLE)	(FEASIBLE)	(FEASIBLE)	(FEASIBLE)
UY	(SV)	0.20594E-02	0.90939E-03	0.82799E-03	0.24215E-02
L1	(DV)	2.6000	3.0930	2.9847	3.0935
L4	(DV)	0.98500	0.89144	0.90751	0.80067
L6	(DV)	1.2000	1.0552	1.1472	1.0876
VOLUME	(OBJ)	63.174	63.768	65.480	64.708

		SET 5	SET 6	SET 7	SET 8
		(FEASIBLE)	(FEASIBLE)	(FEASIBLE)	(FEASIBLE)
UY	(SV)	0.85187E-03	0.64622E-03	0.63782E-03	0.91533E-03
L1	(DV)	2.7242	2.5931	2.5968	2.6195
L4	(DV)	0.95855	0.99654	0.98249	0.99721
L6	(DV)	1.1329	1.1860	1.1996	1.1745
VOLUME	(OBJ)	62.382	62.674	63.130	62.581

		SET 9	SET 10	SET 11	SET 12
		(FEASIBLE)	(INFEASIBLE)	(FEASIBLE)	(FEASIBLE)
UY	(SV)	0.13460E-03	> 0.27205E-01	0.13513E-03	0.63991E-03
L1	(DV)	2.5809	2.6085	2.5971	2.5962
L4	(DV)	0.98873	0.98486	0.98391	0.98451
L6	(DV)	1.2030	1.1975	1.2017	1.1957
VOLUME	(OBJ)	63.087	63.186	63.203	63.009

```
                  SET 13         SET 14         SET 15         SET 16
               (FEASIBLE)     (FEASIBLE)     (FEASIBLE)    (INFEASIBLE)
UY      (SV)   0.64067E-03    0.63908E-03    0.63744E-03  > 0.27423E-01
L1      (DV)     2.5990         2.5966         2.5989         2.6760
L4      (DV)   0.98453        0.98408        0.98433        0.97991
L6      (DV)     1.1989         1.1950         1.1975         1.1637
VOLUME  (OBJ)    63.132         62.990         63.091         62.836

                  SET 17         SET 18         SET 19         SET 20
              (INFEASIBLE)   (INFEASIBLE)   (INFEASIBLE)   (INFEASIBLE)
UY      (SV)  > 0.27366E-01 > 0.27294E-01 > 0.27289E-01 > 0.27365E-01
L1      (DV)     2.6316         2.6587         2.6131         2.6602
L4      (DV)   0.98247        0.97957        0.98242        0.97947
L6      (DV)     1.1895         1.1674         1.1898         1.1633
VOLUME  (OBJ)    63.176         62.771         62.997         62.660

                  SET 21        *SET 22*
              (INFEASIBLE)   (FEASIBLE)
UY      (SV)  > 0.27391E-01   0.84973E-03
L1      (DV)     2.7026         2.7176
L4      (DV)   0.99118        0.96877
L6      (DV)     1.1298         1.1320
VOLUME  (OBJ)    62.066         62.287
```

优化前后的参数对照见表 7-4。

表 7-4　优化前后的参数对照

参　数	L_1/mm	L_4/mm	L_6/mm	VOLUME/m^3
优化前	2.6	0.985	1.2	67.174
优化后	2.7176	0.96877	1.1320	62.287

为清楚地反映各变量的变化过程，取机架的体积（VOLUME）、横梁厚度（L_1）、立柱的宽度（L_4）和厚度（L_6）、纵向位移（UY）等的变化过程如图 7-17～图 7-21 所示。

把优化后的几何尺寸应用到简化模型中，在 ANSYS 中进行分析得，机架的等效应力图如图 7-22 所示，纵向变形图如图 7-23 所示。

7.2.6　优化结果分析

由表 7-4 优化前后参数对比可以看出，上横梁尺寸变大，同时立柱的宽度和厚度变小，同时机架的体积略有减少，图 7-24 反映了其变化过程。由图 7-22 和图 7-23 知，优化后机架横梁处的最大等效应力值、纵向位移都有所减少。

优化后机架的最大纵向变形量（参看图 7-23）为：

$$f_y = UY_{\max} - UY_{\min} = 1.511 - (-0.524) = 2.035\text{mm} \tag{7-9}$$

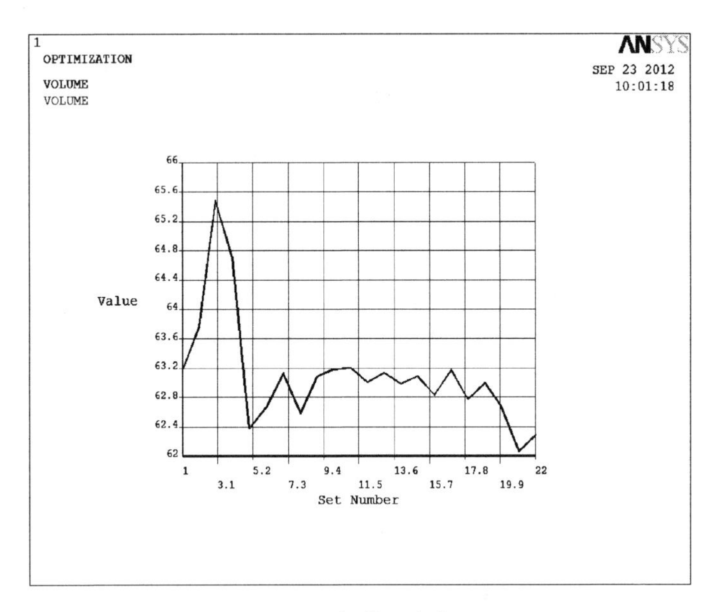

图 7-17　机架体积变化过程

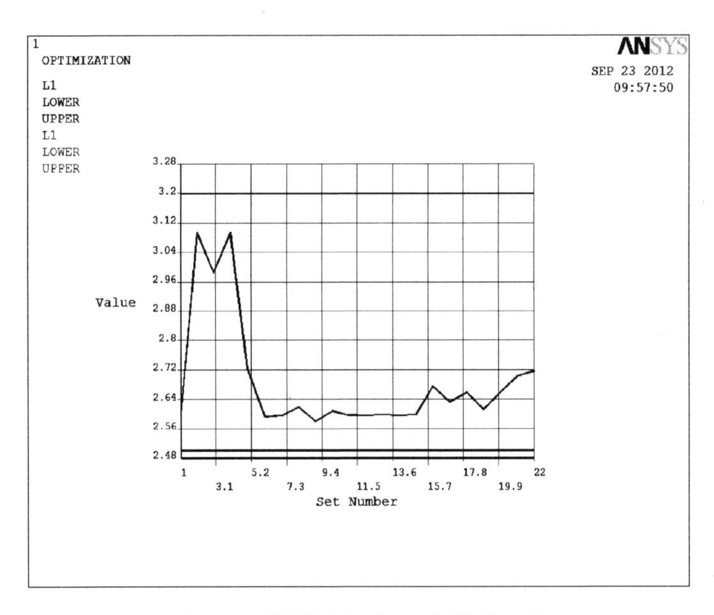

图 7-18　横梁厚度（L_1）的变化过程

所以，优化后机架的刚度：

$$C = \frac{R}{f_y} = 24570\text{kN/mm} \tag{7-10}$$

由简化模型后机架纵向变形图 7-16 得，机架优化前的纵向刚度为 24272kN/mm，

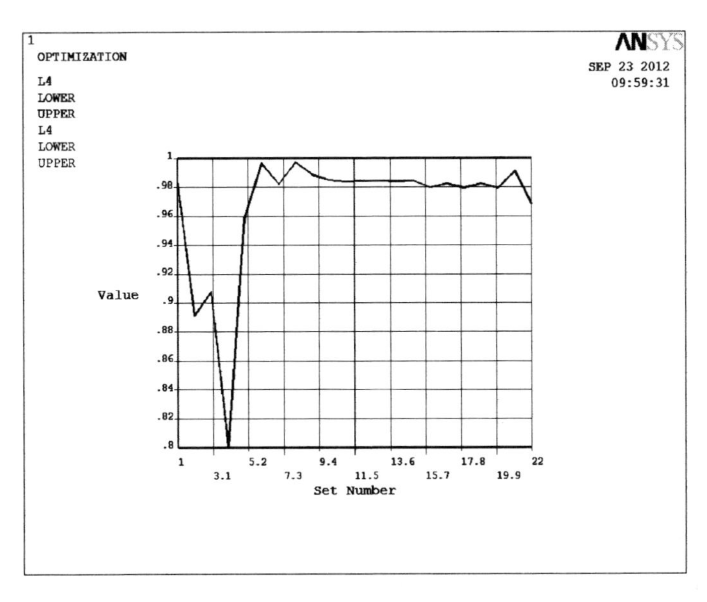

图 7-19　立柱宽度（L_4）的变化过程

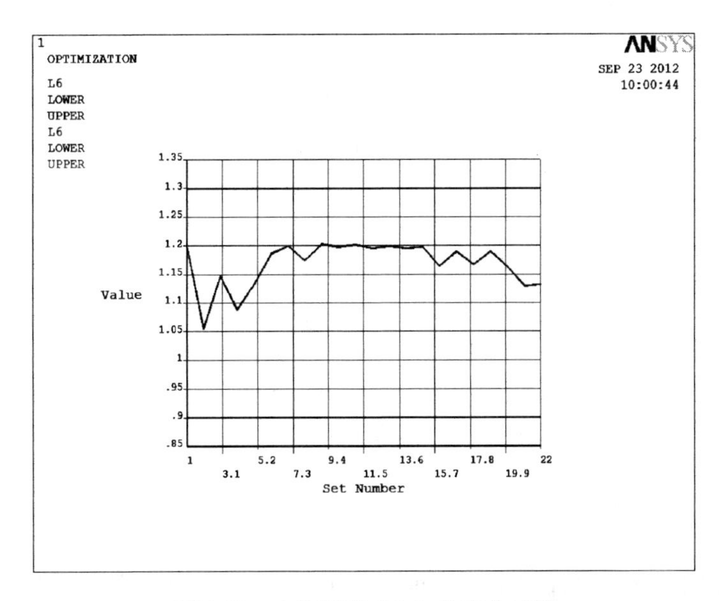

图 7-20　立柱厚度（L_6）的变化过程

优化后纵向刚度变为 24570kN/mm，较优化前提高了 1.2%；从图 7-15 和图 7-22 可以看出，最大等效应力由优化前的 54.5MPa 减小到 51.6MPa，较优化前降低了 5.3%；由表 7-4 知，机架的体积由优化前的 67.174m^3 减小到 62.287m^3，较优化前降低了 1.4%，水平方向的变形也略有减小。

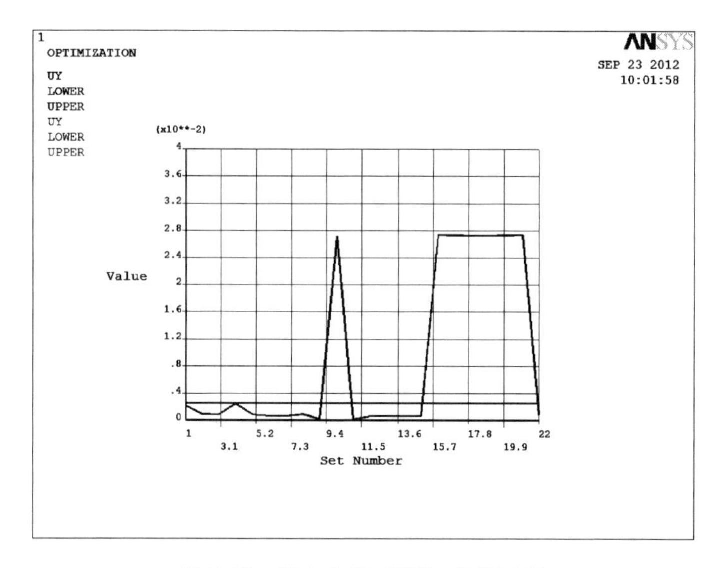

图 7-21　纵向位移（*UY*）变化过程

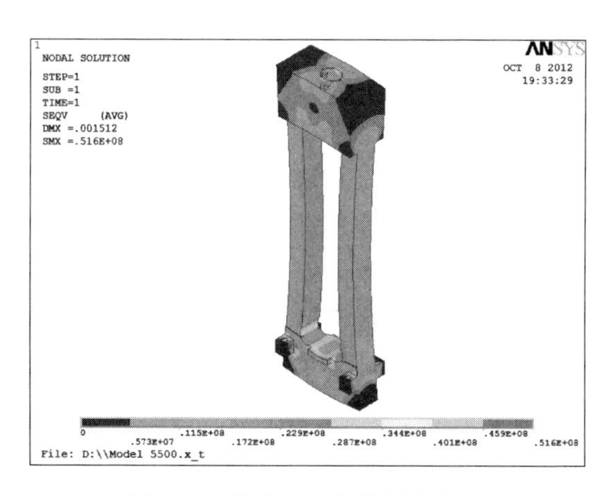

图 7-22　优化后机架等效应力图

7.2.7　小结

本章介绍了优化设计的基本原理，采用 ANSYS 中的 APDL 参数化程序设计技术对简化后的机架模型进行了优化分析，确定了优化后机架上横梁厚度、立柱宽度和厚度的主要几何尺寸，优化计算结果表明：

（1）优化后机架的纵向刚度提高了 1.2%。

（2）优化后机架的重量降低了 1.4%，较优化前减少了 7700kg。本书优化设计工作对于轧机机架的合理设计具有一定的参考意义。

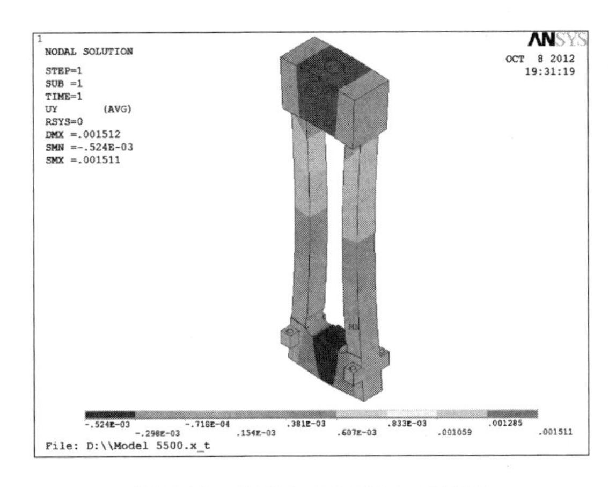

图 7-23 优化后机架纵向位移图

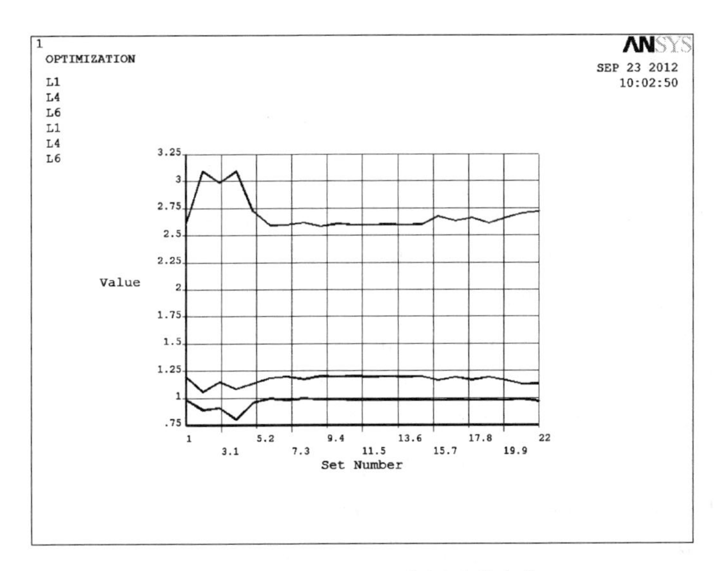

图 7-24 L_1、L_4、L_6 各尺寸的变化

7.3 5500mm 轧机机架的模态分析

7.3.1 结构动力学分析简介

结构动力学分析是用来求解随时间变化的荷载对部件或结构的影响。有限元分析软件 ANSYS 可进行的动力学分析如下：瞬态动力学分析、模态分析、谱分析、响应分析等。

动力学通用的运动方程如下：

$$M\ddot{u} + C\dot{u} + Ku = F(t) \tag{7-11}$$

式中 M——结构质量矩阵；

C——结构阻尼矩阵；

K——结构刚度矩阵；

F——随时间变化的荷载函数；

u——节点位移矢量；

$\dot{u}$——节点速度矢量；

$\ddot{u}$——节点加速度矢量。

不同分析类型是对这个方程的不同形式进行求解：

（1）模态分析，设定 $F(t)$ 为零，而矩阵 C 通常被忽略。

（2）谐波响应分析，假设 $F(t)$ 和 $u(t)$ 为谐函数，例如 $X\sin(\omega t)$。式中，X 为振幅；ω 为频率，rad/s。

（3）瞬间动态分析，方程仍保持上述的形式。

7.3.2 模态分析的基本概念

模态分析主要用于确定设计中的结构或机器部件的振动特性（固有频率和振型）。固有频率和振型是动力学分析中的两个重要参数。

模态分析是用来确定结构的振动特性的一种技术，它的最终目标是识别系统的模态参数，为系统的故障诊断和预报、振动特性分析以及结构动力特性的分析提供依据。另外，模态分析也是其他动力学分析的起点。

在 ANSYS 中有以下几种提取模态的方法：

（1）子空间法（Subspace）：适用于对称特征值求解问题；

（2）分块兰索斯法（Block Lanczos）；

（3）凝聚法（Reduced）：计算精度比较低；

（4）非对称法（Unsymmetric）：适用于非对称的问题；

（5）阻尼法（Damped）：适用于阻尼问题；

（6）QR 阻尼法（QR Damping）：适用于大阻尼系统问题。

7.3.3 使用 ANSYS 模态分析的过程

模态分析过程与其他分析过程一样，即要指定单元类型、定义单元实常数、输入材料属性及生成几何实体模型。但要注意以下两点：

（1）模态分析中只对线性行为是有效的；

（2）在模态分析中必须指定弹性模量和密度。

模态分析的结果将被写入到结构分析中的结果文件 Jobname. RST 中，其主要内容包括：

（1）固有频率；

（2）已扩展的振型；

（3）相对应力和力分布。

7.3.4 机架有限元模型

为避免重复建模，在此对机架进行模态分析时，仍应用之前建立起来的三维实体模型，分别对单片机架和双片机架进行分析，如图7-25和图7-26所示。

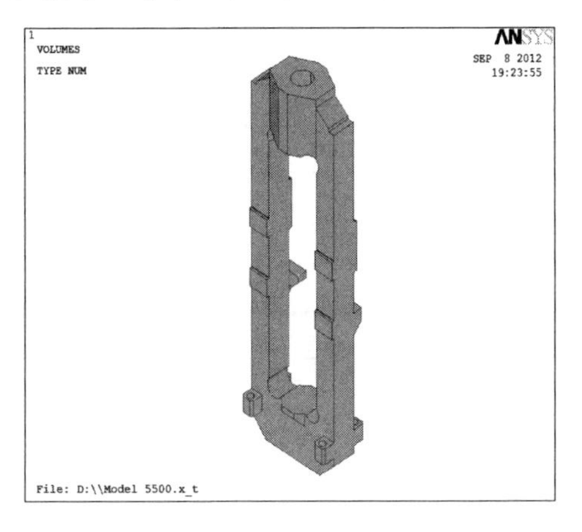

图7-25 5500mm 单片机架三维模型

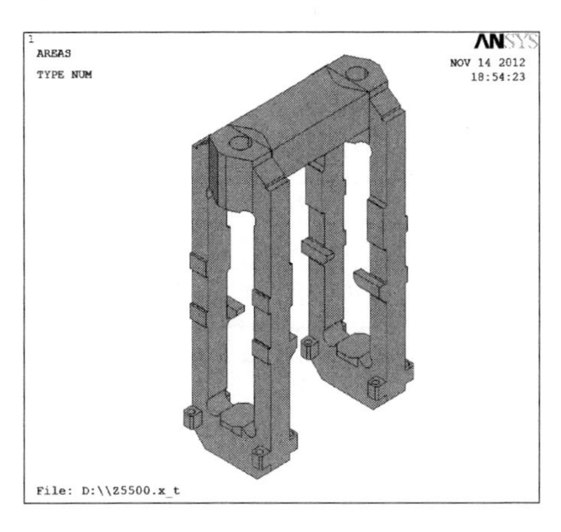

图7-26 5500mm 双片机架三维模型

另外，机架材料属性如下：弹性模量 $E=2.1\times10^{11}$Pa，泊松比 $\mu=0.3$，密度 $\rho=7800\text{kg/m}^3$，网格划分8节点 Solid45 体单元。施加约束时，对机架地脚四个螺栓孔的内表面施加 X、Z 两个方向的零位移约束以限制 X、Z 方向模型的平动，对机架与地基的接触面施加 Y 方向的零位移约束，由于重力对机架的模态求解并无影响，故可忽略。

7.3.5 机架各阶模态分析结果

模态分析就是求解方程后得到其特征值和对应的特征向量，也称为模态提取，本文选择求解精度高、计算速度较快的 Block Lanczos 提取法，对机架进行模态分析，提取前20阶固有频率和振型。机架前20阶固有频率见表7-5。

表7-5 单片机架前20阶固有频率

SET	单片机架优化前 固有频率/Hz	单片机架优化后 固有频率/Hz	LOAD STEP	SUBSTEP
1	3.5034	3.4917	1	1
2	5.7527	5.4929	1	2
3	14.500	14.147	1	3
4	25.365	25.547	1	4

续表 7-5

SET	单片机架优化前固有频率/Hz	单片机架优化后固有频率/Hz	LOAD STEP	SUBSTEP
5	31. 020	30. 201	1	5
6	34. 739	37. 572	1	6
7	42. 375	42. 757	1	7
8	67. 995	67. 956	1	8
9	69. 449	68. 666	1	9
10	75. 591	74. 121	1	10
11	84. 155	82. 425	1	11
12	101. 48	101. 81	1	12
13	105. 40	102. 95	1	13
14	108. 35	104. 66	1	14
15	112. 85	109. 51	1	15
16	127. 70	128. 12	1	16
17	157. 11	149. 59	1	17
18	171. 53	167. 52	1	18
19	176. 45	177. 96	1	19
20	195. 22	195. 96	1	20

由表 7-5 可以看出，机架的固有频率较低，从 1 阶到 11 阶固有频率在 100Hz 以下，从 12 阶到 20 阶固有频率在 100Hz 和 200Hz 之间，在前 20 阶固有频率中，除了第 16 阶、第 19 阶和第 20 阶固有频率比优化前的固有频率高，优化后机架的其他阶固有频率都比优化前的固有频率低，这是由于优化后机架立柱的横截面减小，使得抗弯刚度减小造成的。下面分别从 X 轴方向和 Z 轴方向显示机架振型图，对于图中坐标系，X 为轧辊轴向方向，Y 为竖直方向，Z 为板坯轧制方向。

从 X 轴方向看，机架前 20 阶振型如图 7-27 所示。

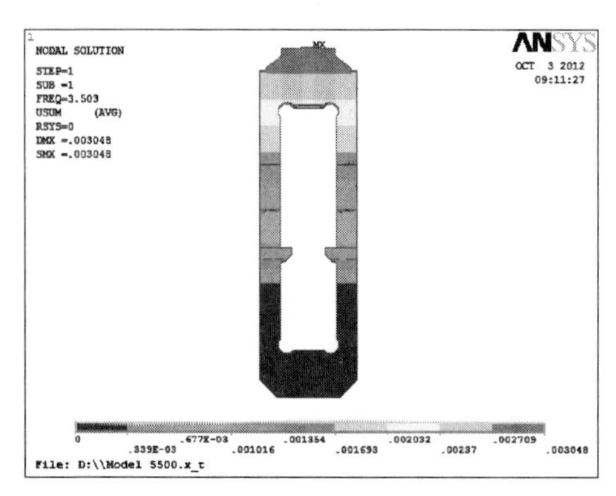

第1阶振型

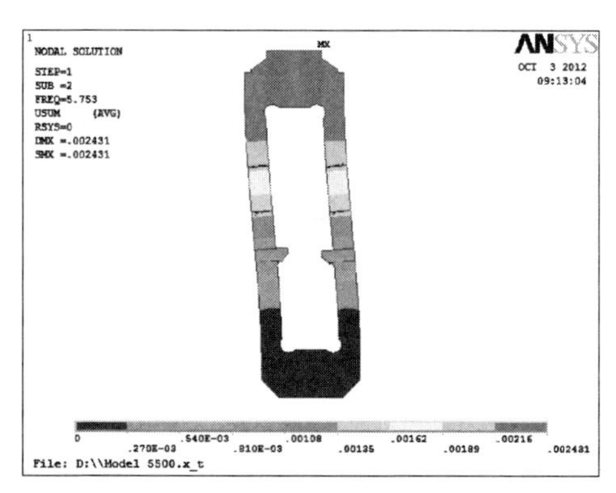

第2阶振型

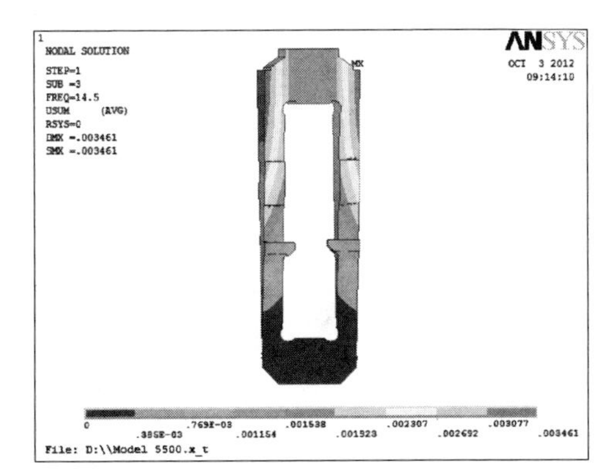

第3阶振型

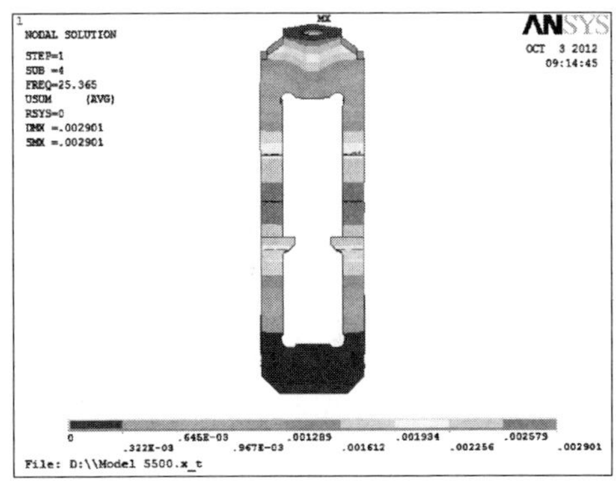

第4阶振型

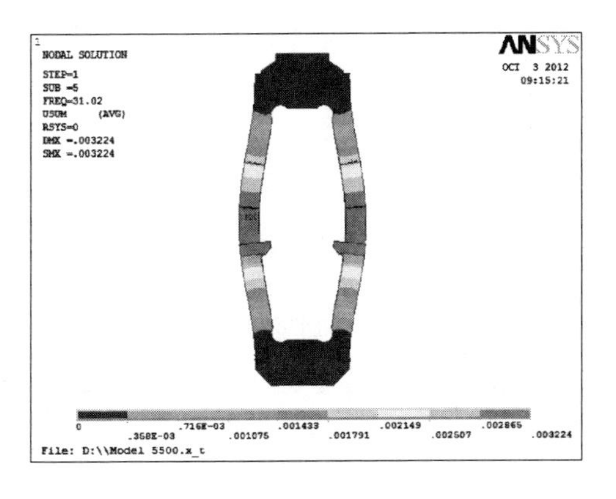

第5阶振型

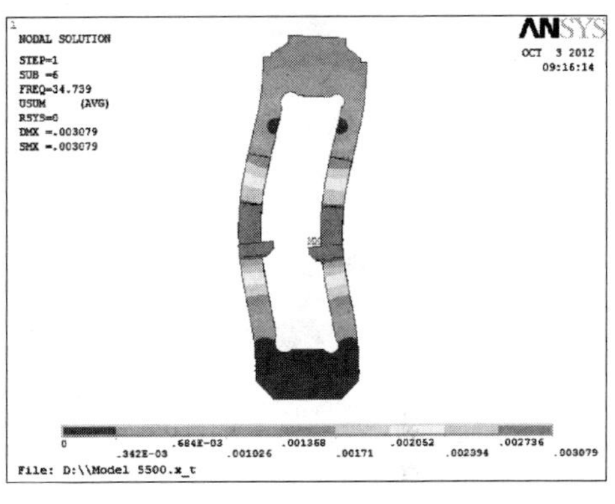

第6阶振型

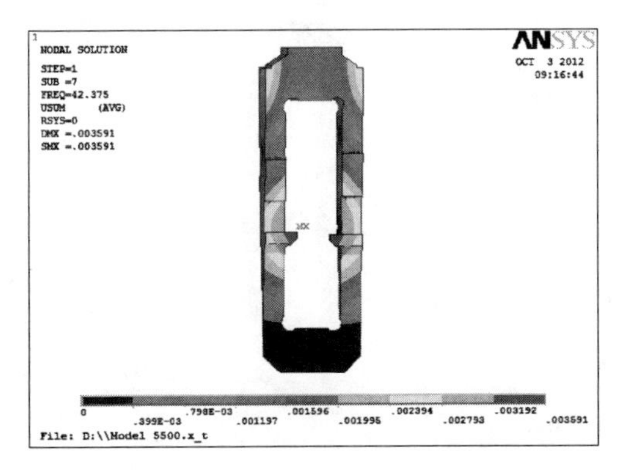

第7阶振型

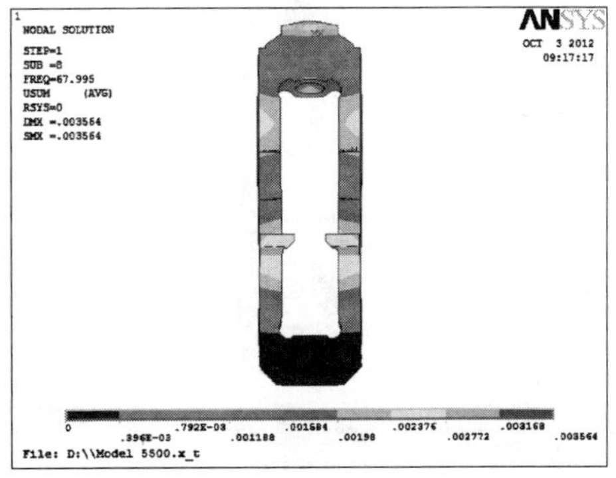

第8阶振型

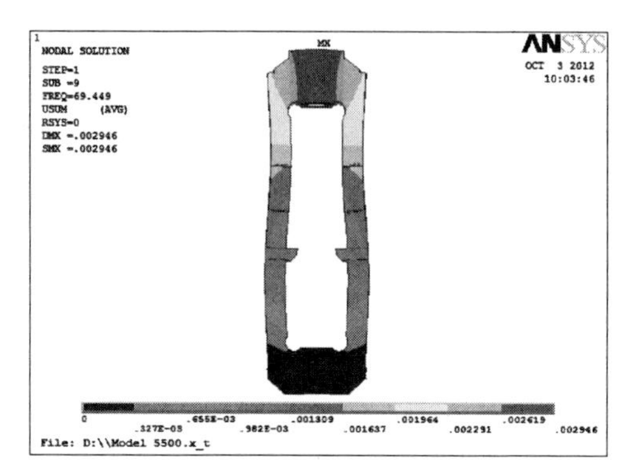

第9阶振型

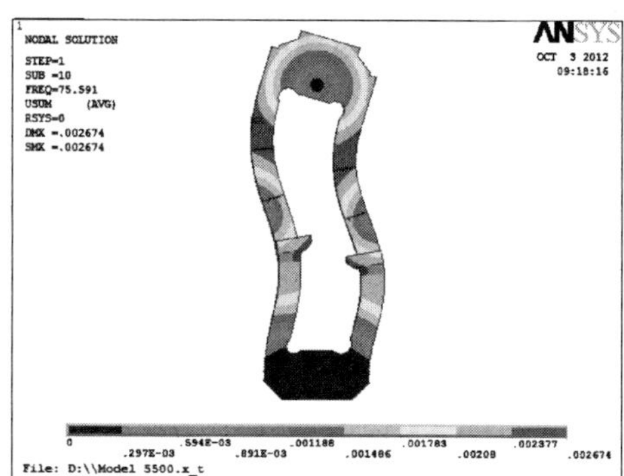

第10阶振型

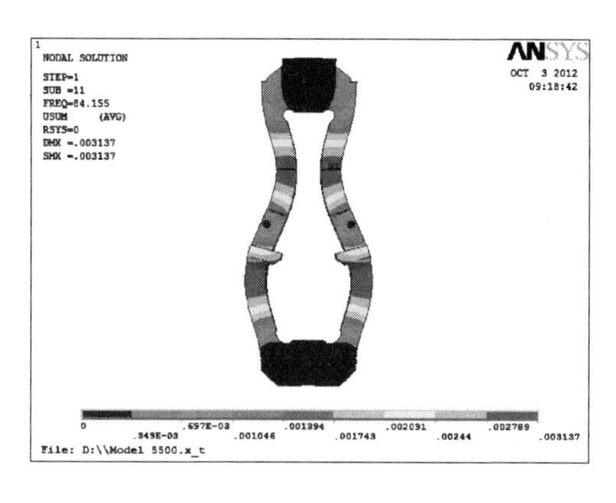

第11阶振型

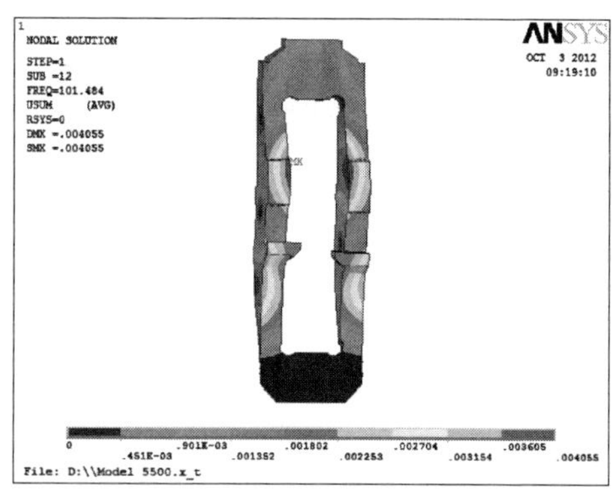

第12阶振型

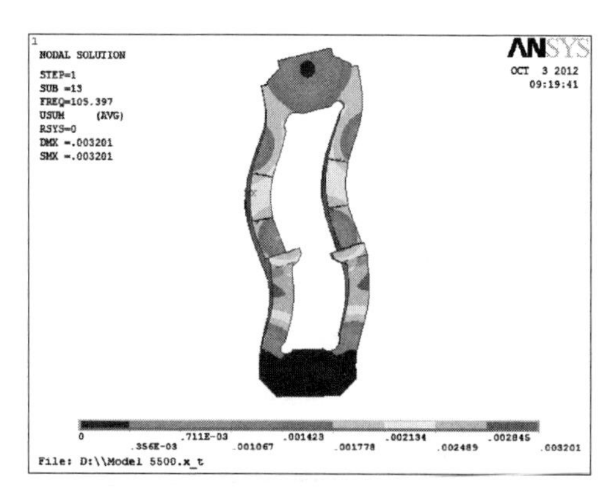

第13阶振型

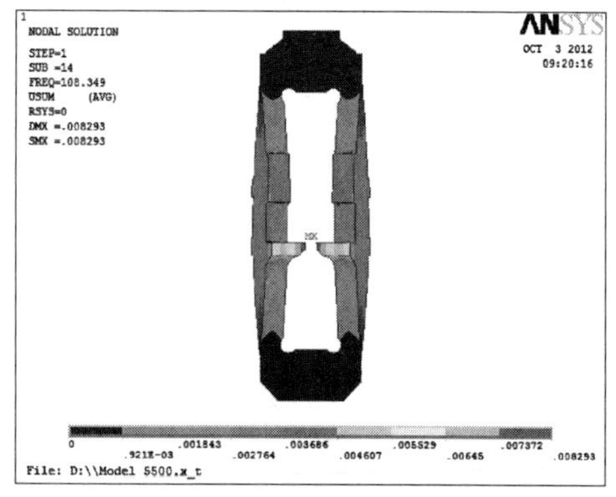

第14阶振型

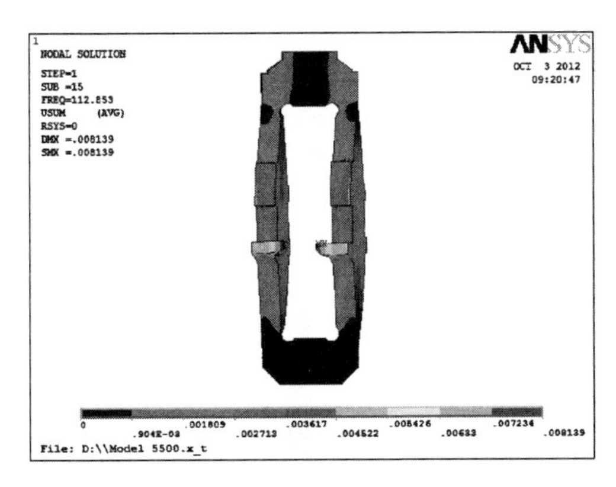

第15阶振型

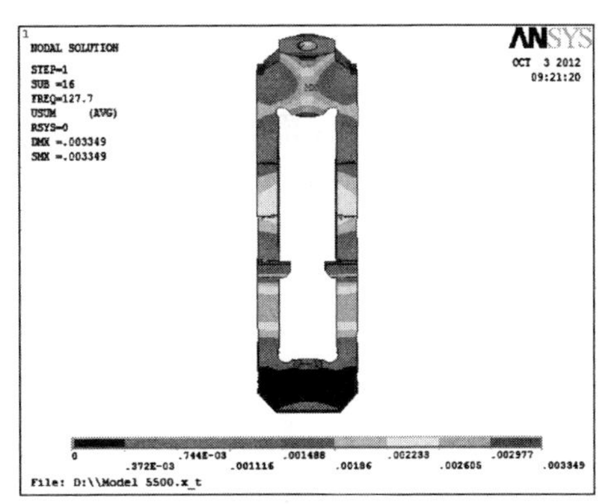

第16阶振型

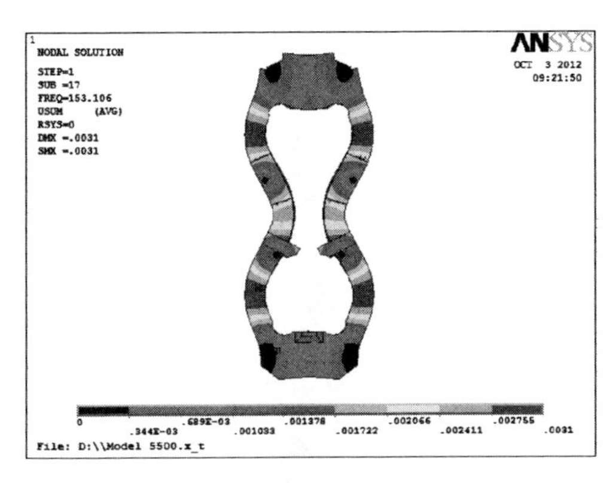

第17阶振型

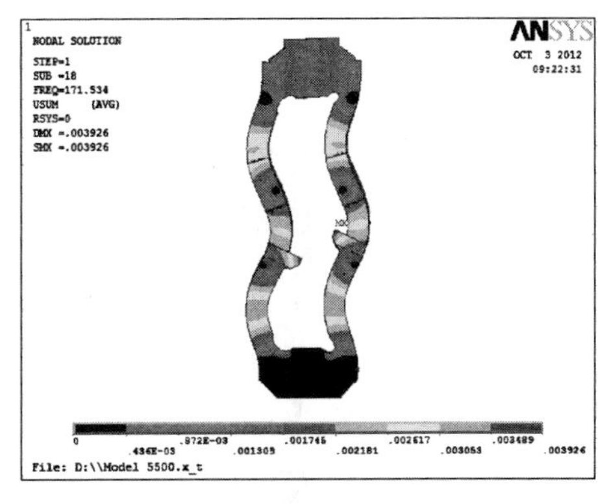

第18阶振型

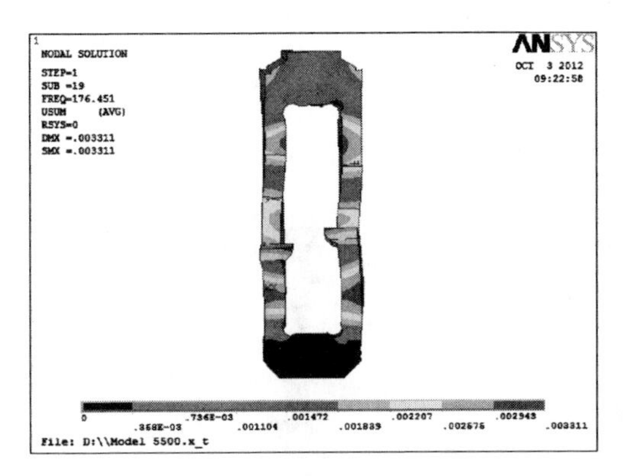

第19阶振型

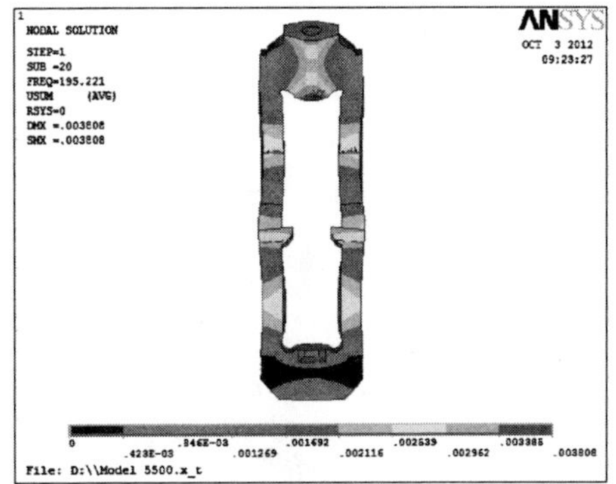

第20阶振型

图 7-27 机架 X 轴方向各阶振型

从 Z 轴方向看，前 20 阶振型如图 7-28 所示。

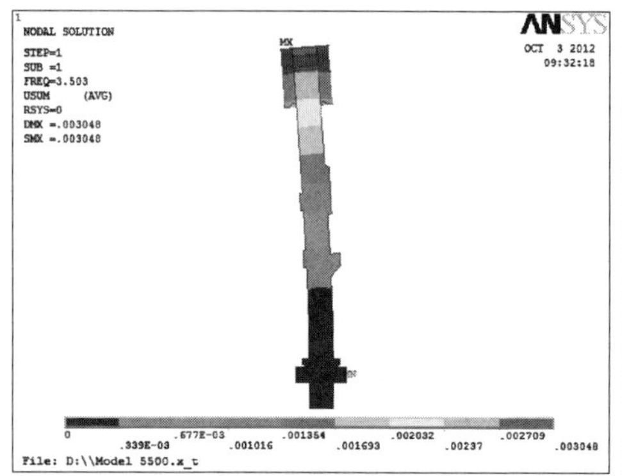

第1阶振型

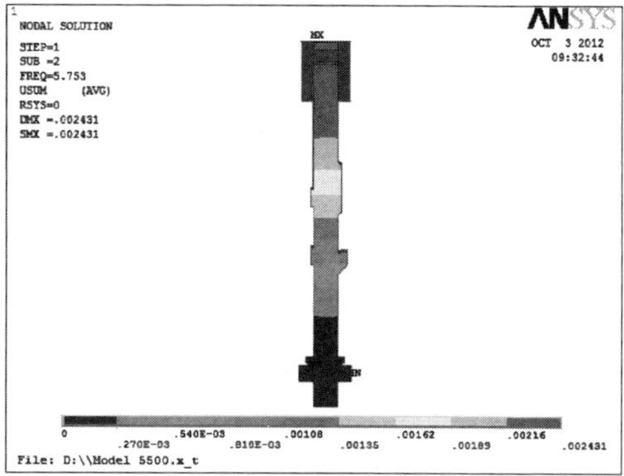

第2阶振型

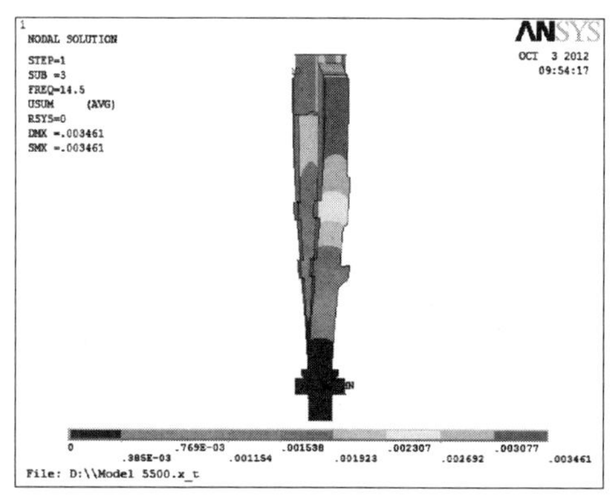

第3阶振型

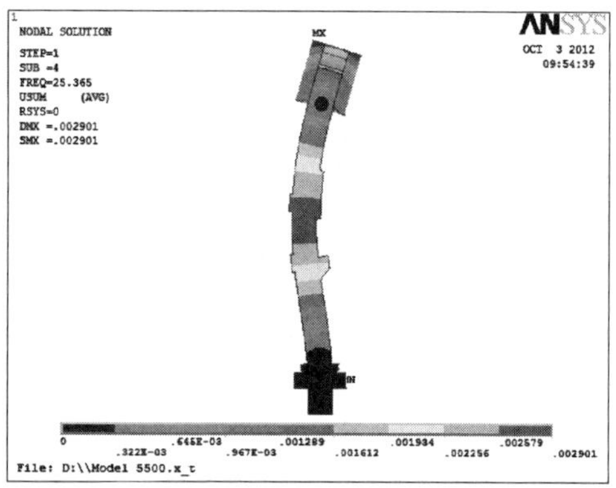

第4阶振型

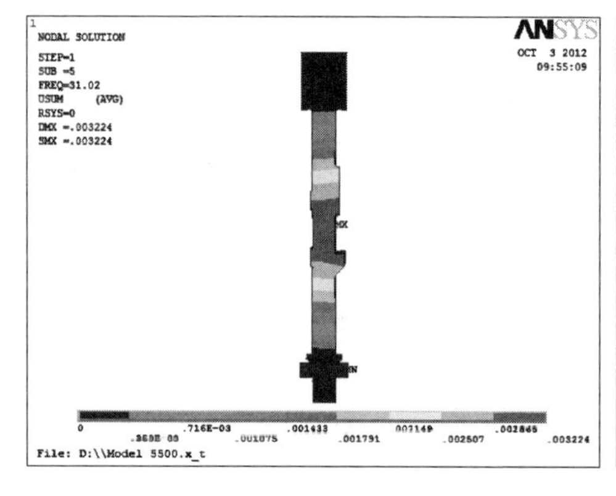

第5阶振型

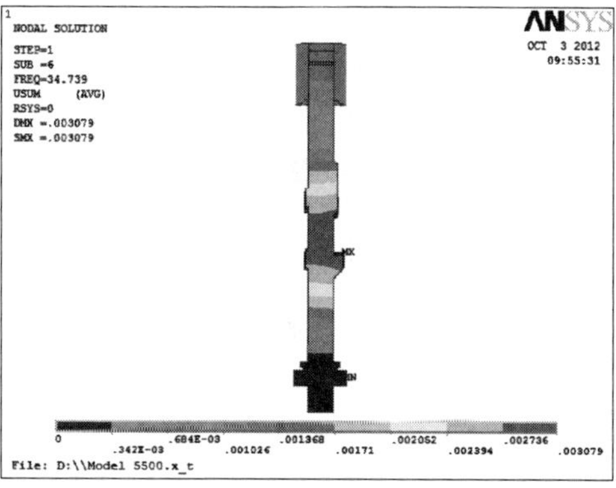

第6阶振型

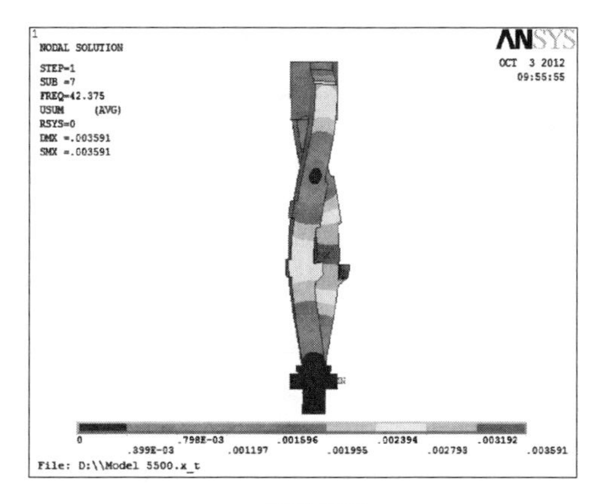

第7阶振型

第8阶振型

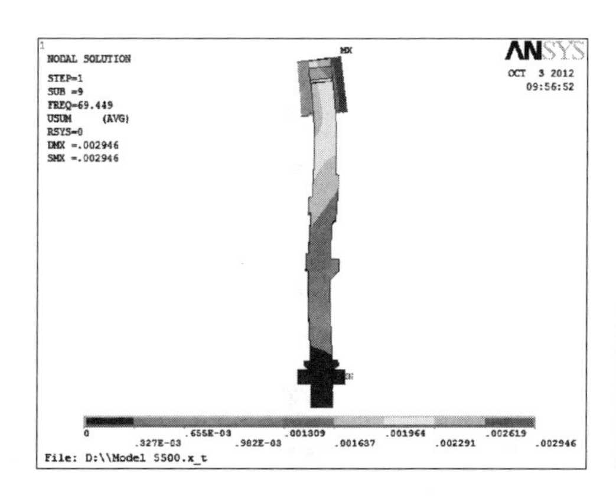

第9阶振型

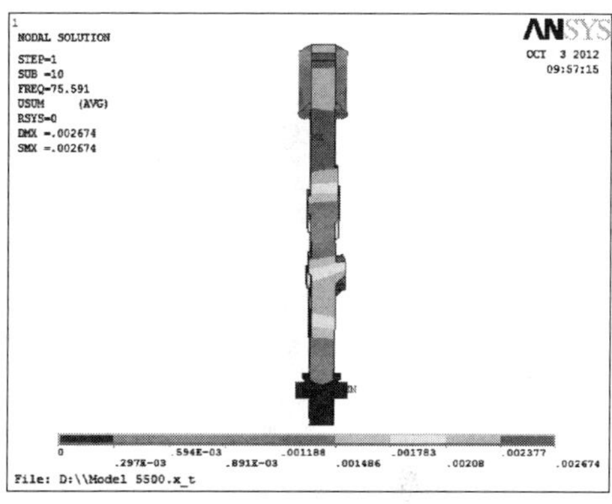

第10阶振型

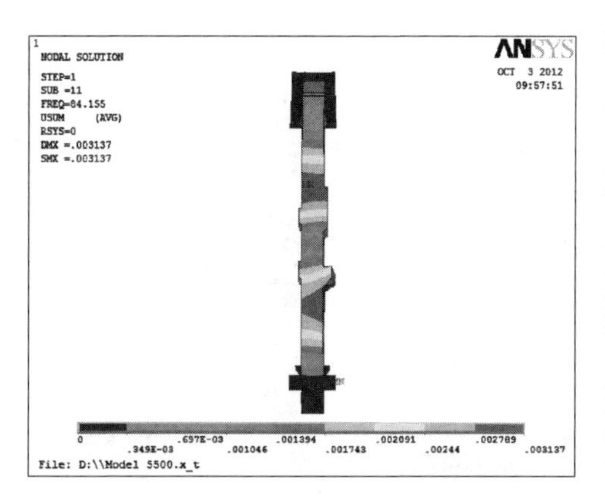

第11阶振型

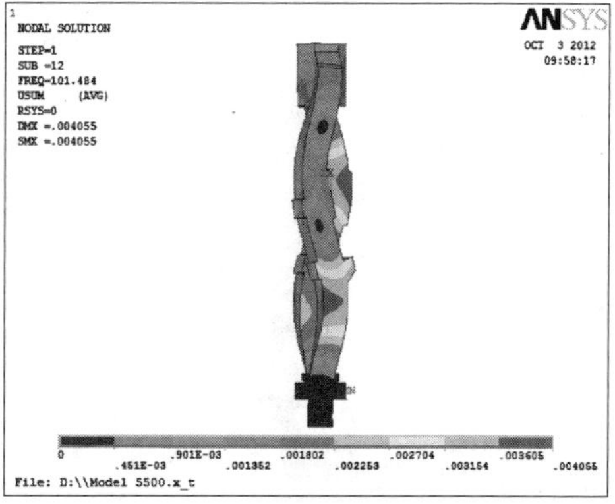

第12阶振型

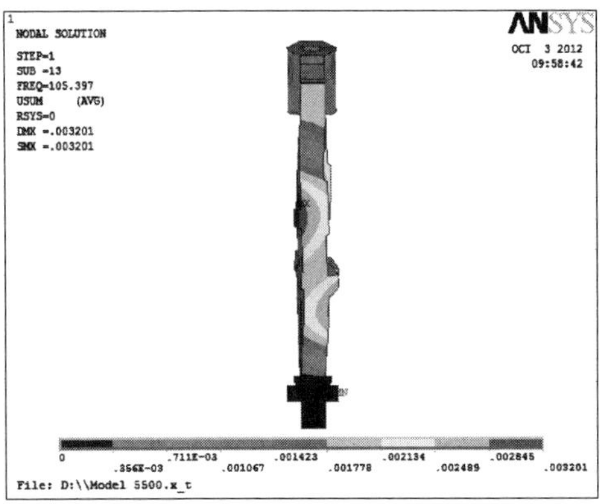

第13阶振型

第14阶振型

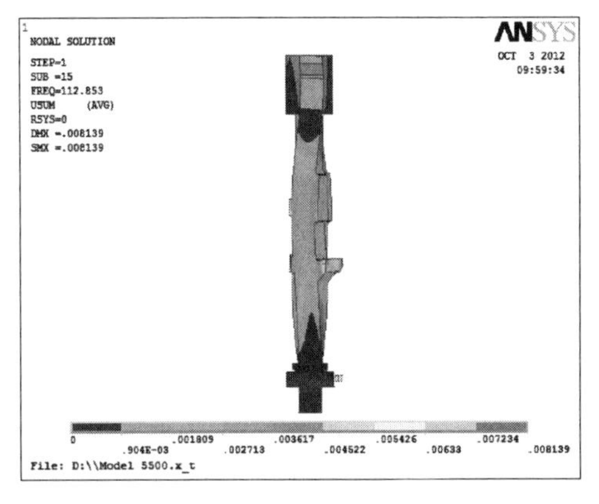

第15阶振型

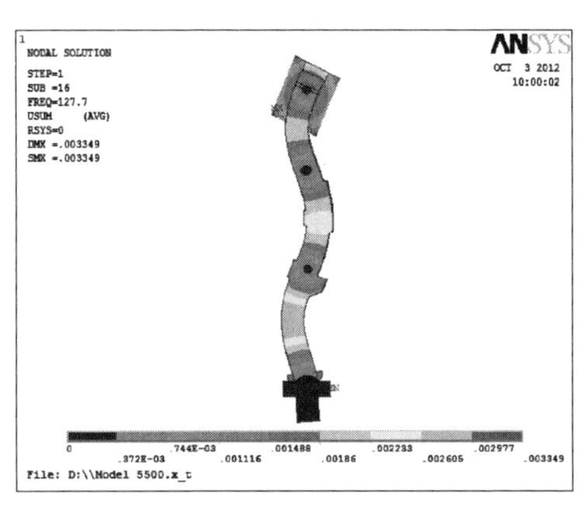

第16阶振型

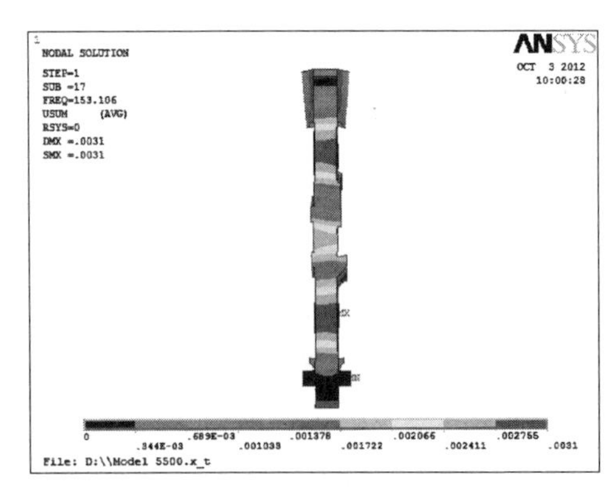

第17阶振型

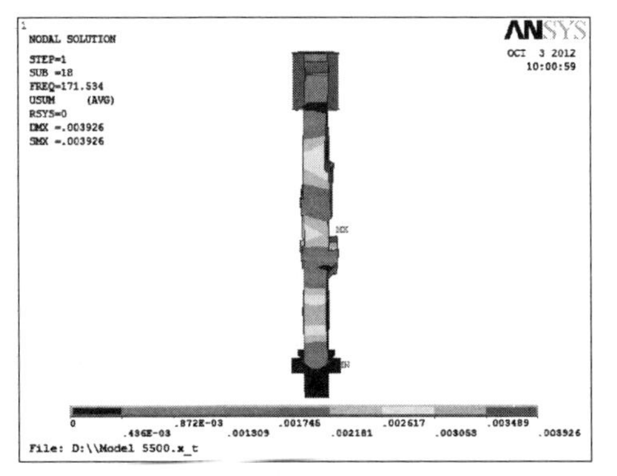

第18阶振型

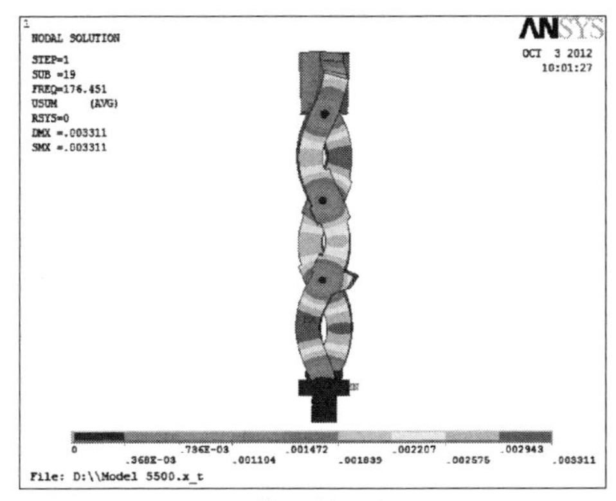

第19阶振型

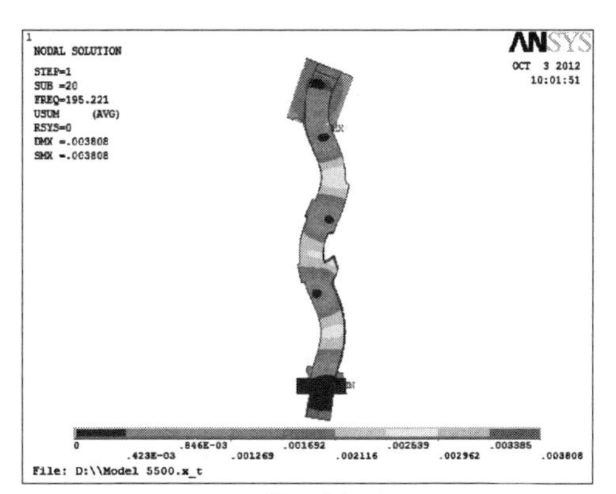

第20阶振型

图 7-28　机架 Z 轴方向各阶振型

对单片机架的各阶振型描述，如下：

当 f_1 = 7.5034Hz 从 Z 轴方向看，机架中上部左右摆动；

当 f_2 = 5.7527Hz 从 X 轴方向看，机架中上部左右摆动；

当 f_3 = 14.500Hz 从 Z 轴方向看，机架上部绕 Y 轴做扭转运动，同时立柱发生轻微的弯曲变形；

当 f_4 = 25.365Hz 从 Z 轴方向看，机架中上部大幅摆动；

当 f_5 = 31.020Hz 从 X 轴方向看，机架两立柱均向外侧方向产生弯曲变形；

当 f_6 = 34.739Hz 从 X 轴方向看，机架两立柱同时向左侧产生弯曲变形；

当 f_7 = 42.375Hz 从 Z 轴方向看，机架两立柱分别绕 Y 轴交叉扭转；

当 f_8 = 67.995Hz 从 Z 轴方向看，机架做 S 形往复扭动；

当 f_9 = 69.449Hz 从 X 轴方向看，机架的中部偏上部分轻微向里凹，同时机架的中部偏下部分轻微向外凸，从 Z 轴方向看，机架的上部分产生轻微的摆动；

当 f_{10} = 75.591Hz 从 X 轴方向看，机架做 S 形往复扭动；

当 f_{11} = 84.155Hz 从 X 轴方向看，机架的中部偏上部分向里凹，同时机架的中部偏下部分向外凸；

当 f_{12} = 101.48Hz 从 Z 轴方向看，机架的两立柱做 S 形交叉弯曲变形；

当 f_{13} = 105.40Hz 从 X 轴方向看，机架做 S 形扭动，同时机架上部对立柱交替做下压和上拉运动；

当 f_{14} = 108.35Hz 从 X 轴方向看，机架两立柱绕 Y 轴做相反方向扭转运动；

当 f_{15} = 112.85Hz 从 X 轴方向看，机架两立柱绕 Y 轴做相同方向扭转运动；

当 f_{16} = 127.70Hz 从 Z 轴方向看，机架做 S 形往复扭动；

当 f_{17} = 157.11Hz 从 X 轴方向看，机架两立柱同时向内和向外做弯曲摆动；

当 f_{18} = 171.53Hz 从 X 轴方向看，机架做 S 形往复扭动；

当 f_{19} = 176.45Hz 从 Z 轴方向看，机架两立柱做交叉的 S 形往复扭动；

当 f_{20} = 195.22Hz 从 Z 轴方向看，整个机架做 S 形摆动。

从以上对机架振型描述中可以看出，影响机架动态性能的主要因素是弯曲变形和扭转变形，尤其是第 11 阶固有频率以下的振动对轧制板坯的质量影响比较大。

然而，在实际工程中对双片机架的模态分析更能反映机架的振动问题，对优化前后双片机架进行模态分析，求得前 20 阶固有频率，见表 7-6。

表 7-6 双片机架前 20 阶固有频率

SET	优化前双片机架固有频率/Hz	优化后双片机架固有频率/Hz	LOAD STEP	SUBSTEP
1	4.5042	4.4405	1	1
2	4.8177	4.9832	1	2
3	7.3892	7.3381	1	3
4	29.719	30.210	1	4
5	30.293	30.244	1	5
6	30.383	30.778	1	6
7	31.758	31.554	1	7
8	31.856	32.003	1	8
9	32.567	37.860	1	9
10	34.047	35.328	1	10
11	35.715	36.548	1	11
12	51.160	51.507	1	12
13	64.652	64.876	1	13
14	68.004	67.892	1	14
15	75.095	76.380	1	15
16	77.559	78.687	1	16
17	78.657	78.771	1	17
18	82.430	82.548	1	18
19	82.586	82.730	1	19
20	88.722	91.365	1	20

从表 7-6 数据对比可以看出，整个机架的固有频率较低，优化后 12 阶以前的固有频率降低，这是由于优化后机架立柱的断面尺寸变小和机架的纵向刚度增加，使得抗弯刚度减小造成的，双片机架的典型振型如图 7-29 所示。

采用 ANSYS 程序对 5500mm 轧机机架进行模态分析，求出优化前后机架的

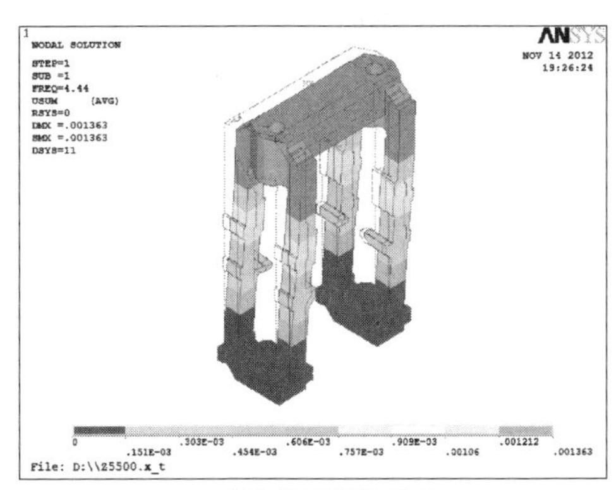

双片机架第1阶模态

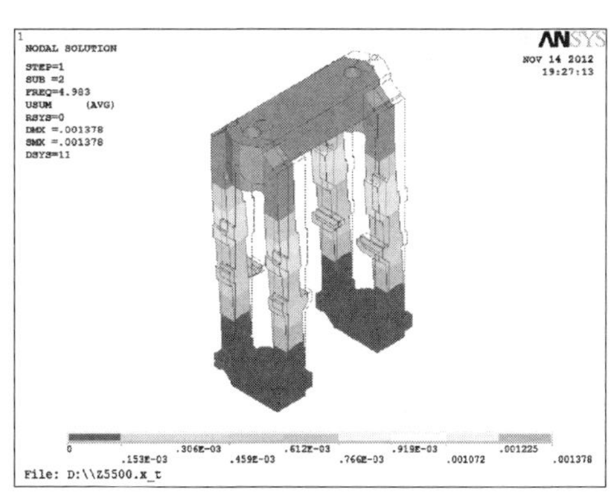

双片机架第2阶模态

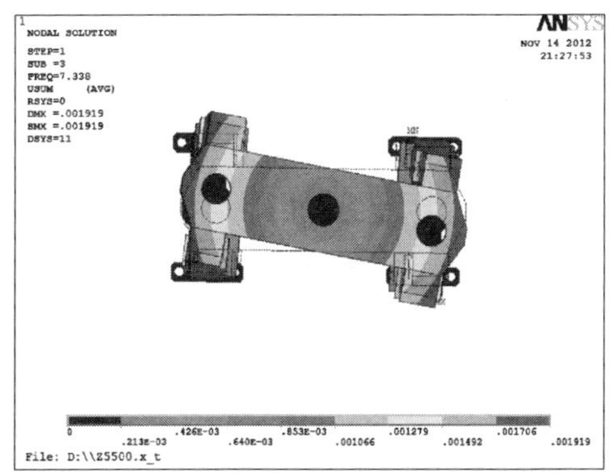

双片机架第3阶模态

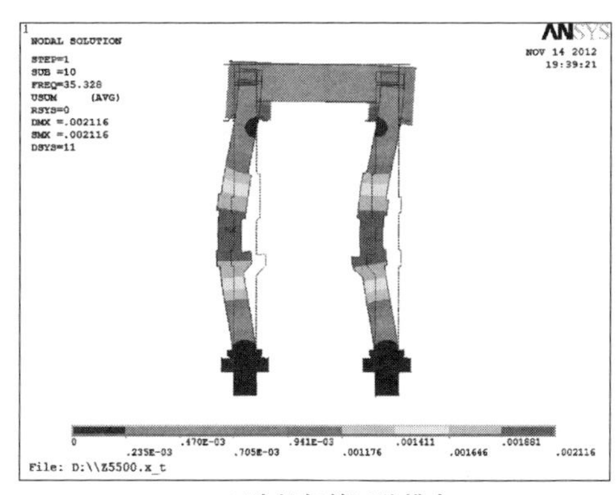

双片机架第10阶模态

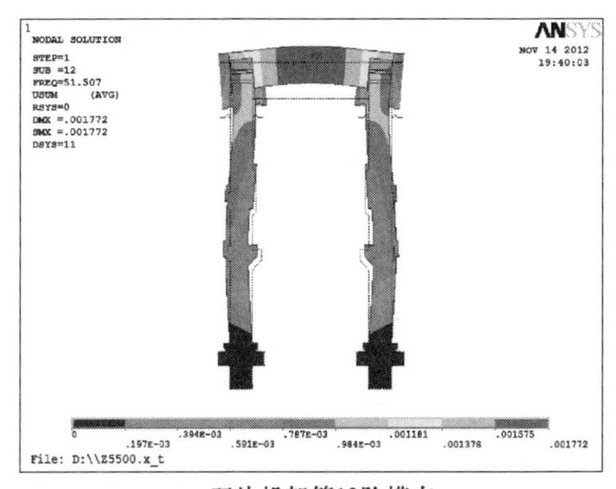

双片机架第12阶模态

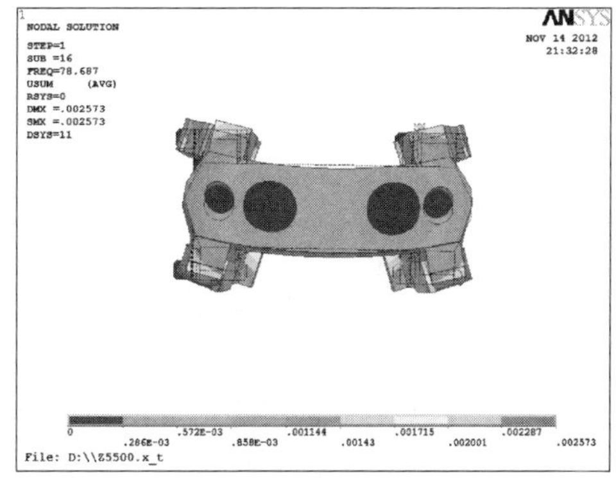

双片机架第16阶模态

图 7-29　双片机架各阶模态

前 20 阶固有频率，在单片机架前 20 阶固有频率中，除了第 16、19、20 阶固有频率比优化前的固有频率高，优化后机架的其他阶固有频率都比优化前的固有频率低，这是由于优化后机架立柱的横截面减小，使得抗弯刚度减小造成的，通过对机架各阶振型的描述可以看出，影响机架动态性能的主要因素是弯曲变形和扭转变形。在双片机架中优化后 12 阶以前的固有频率降低，这是由于优化后机架立柱的断面尺寸变小和机架的纵向刚度增加，使得抗弯刚度减小造成的，对单片机架和双片机架的模态分析为轧机机架的动力学分析提供理论依据。

关于 2130mm 轧机、1450mm 轧机、5500mm 轧机的详细计算，详见参考文献［47 ~50］。

参考文献

[1] 李德葆，等．实验模态分析及其应用 [M]．北京：科学出版社，2001.
[2] 任明章．机械振动的分析与控制以及计算方法 [M]．北京：机械工业出版社，2011.
[3] 刘国庆，等．ANSYS 工程应用教程（机械篇）[M]．北京：中国铁道出版社，2003.
[4] 姜晋庆，等．结构弹性有限元分析法 [M]．北京：宇航出版社，1990：6~26.
[5] 王富耻，等．ANSYS10.0 有限元理论与工程应用 [M]．北京：电子工业出版社，2006.
[6] 郝文化，等．ANSYS7.0 实例分析与应用 [M]．北京：清华大学出版社，2004：313~315.
[7] 马维军．轧机自激振动诊断与结构动力学修改 [D]．太原：太原理工大学，2005.
[8] 杨天祥．结构力学（下册）[M]．北京：高等教育出版社，1983：242~269.
[9] 格力戈里·朱拉金斯基．机器与结构动力学例题与习题 [M]．肖灿章，等，译．北京：机械工业出版社，1985.
[10] 酒井忠明．结构力学（王道堂）[M]．北京：人民教育出版社，1981：431~433.
[11] 蔡敢为，等．一种轧机动力分析有限元模型 [J]．机械工程学报，2000，36（7）：66~73.
[12] 张齐兵，等．轧机机架强度和刚度的研究 [J]．重型机械，2003，5：13~16.
[13] 曹树谦，张文德，萧龙翔．振动结构模态分析——理论、实验与应用 [M]．天津：天津大学出版社，2001.
[14] 相瑜才，孙维连．工程材料及机械制造基础（I）：工程材料 [M]．北京：机械工业出版社，1997.
[15] 陈文哲．机械工程材料 [M]．长沙：中南大学出版社，2009.
[16] 韦尧兵，王春婷，剡昌峰．基于 ANSYS 的剪刃的优化设计 [J]．科学技术与工程，2006（22）：26.
[17] 莫军晓．闭式机架横梁静不定力矩的柔性转角计算法[J]．重型机械，2011（2）：48~51.
[18] 孙静玉．鞍钢冷轧 1500mm 平整机主要设备设计 [D]．大连：大连理工大学机械学院，2009.
[19] 张毅高，李连春．1200WS 四辊可逆冷轧机架刚度计算 [J]．一重技术，1996，（1）：20~22.
[20] 骆拓，邓华，李凤轶，等．板宽对轧辊受力分布的影响规律 [J]．机械设计与制造，2008，（12）.
[21] 杨固川．大型宽厚板轧机机架结构分析研究 [J]．冶金设备，2010，（1）：36~39.
[22] 孟为国，唐韵斐．宽幅播种机机架优化设计 [J]．农业机械，2009，（12）.
[23] 龚曙光，邱爱红，谢桂兰．基于有限元的零部件优化设计研究与应用 [J]．机械设计与制造，2002，（10）.
[24] Roberts W L. Optimum Design of Bridge Girders for Electric Overhead Traveling Cranes [J]. SRAO Transactions of ASME, 1978 (4): 38~42.
[25] Roberts W L. Ansys Finite Element Analysis Design Optimization Series [J]. Swanson Analysis System, 1989.

[26] 张胜民．基于有限元软件 ANSYS 7.0 的结构钢分析［M］．北京：清华大学出版社，2003.

[27] 白葳，喻海良．通用有限元 ANSYS 8.0 基础教程［M］．北京：清华大学出版社，2005.

[28] 谭建国．使用 ANSYS 6.0 进行有限元分析［M］．北京：北京大学出版社，2002.

[29] 涂振飞．ANSYS 有限元分析工程用用实例教程［M］．北京：中国建筑工业出版社，2010.

[30] 任重．ANSYS 实用分析教程［M］．北京：北京大学出版社，2003.

[31] 龚曙光．ANSYS 工程应用实例解析［M］．北京：机械工业出版社，2003.

[32] 邹家祥，等．轧钢机机架的有限元分析及优化设计［J］．上海工业大学学报，1981，(1)：93.

[33] Rajian S D，Belegundu A D. Shape Optimization Design Using Fictition Loads［J］. AIAA Journal，1989，27 (1)：102 ~ 107.

[34] 雷闻宇．四辊轧机机架优化设计［J］．重庆大学学报，1983，(1)．

[35] 宋司兵．闭式机架优化设计研究初步［J］．一重技术，2007，(1)：21 ~ 23.

[36] 郭利华，张振营，严裕宇．基于有限元的六辊轧机机架变形分析［J］．辽宁科技大学学报，2012，2 (2)：12 ~ 14.

[37] 钟厉，李正网．应用 ANSYS 对汽车车架进行结构优化［J］．四川兵工学报，2009，30 (4)：5 ~ 7.

[38] 刘华章．160 吨铁路救援起重机伸缩式吊臂模糊可靠性优化设计［D］．成都：西南交通大学，2000.

[39] 孙占刚，韩志凌，魏建芳．轧机闭式机架的有限元分析与优化设计［J］．冶金设备，2004 (6)：35 ~ 37.

[40] Ibrahim S R. Modal Conference factory in Vibration Testing［J］. AIAA Journal of Spacecraft and Rocket，1978，15 (5)：313 ~ 316.

[41] 张波，盛和太．ANSYS 有限元数值分析原理与工程应用［M］．北京：清华大学出版社，2005.

[42] Meirovitch，Leonard. Elements of Vibration Analysis［M］. New York：McGraw - Hill Book Company，1986.

[43] 任兴民，秦卫阳，文利华．工程振动基础［M］．北京：机械工业出版社，2006.

[44] 博嘉科技．有限元分析软件- ANSYS 融会与贯通［M］．北京：中国水利水电出版社，2002.

[45] 杨康．ANSYS 8.0 在模态分析中的应用［J］．佳木斯大学学报，2005，(1)．

[46] 刘晓星，李平．板带轧机垂直振动的研究［J］．昆明理工大学学报，1999 (6)：90 ~ 95.

[47] 曹忠祥．2130 冷连轧机振动的研究［D］．鞍山：辽宁科技大学，2008.

[48] 罗莹艳．1450 冷连轧机动态特性及颤振的研究［D］．鞍山：辽宁科技大学，2009.

[49] 姚兴磊．5500mm 宽厚板轧机机架的优化设计［D］．鞍山：辽宁科技大学，2012.

[50] 姚兴磊，张德臣，李志明，等．基于 ANSYS 的 5500mm 宽厚板轧机机架的强度和刚度分析［J］．辽宁科技大学学报，2013，4：368 ~ 371.